本海軍は
ぜ過ったか

省会四〇〇時間の証言より

澤地久枝
半藤一利
戸髙一成

岩波書店

はじめに――「海軍反省会」と私たち

「海軍反省会」との出会い

「軍令部にいた海軍軍人たちが、戦後密かに集まり、「反省会」というものを開いていたのだけど、その録音テープが何十時間分も家にしまってある」

二〇〇六年四月、東京・渋谷のＮＨＫの近くにある居酒屋で、私の隣に座っていた戸髙一成氏は、箸を止め遠くを見るような顔で、ボソッと呟いた。

「軍令部」「密かに」という言葉とともに、戸髙さん以外聴いた人がいないという数十時間の「録音テープ」の存在に、私は思わず興奮し、戸髙さんの肩を抱きかかえるようにしてお願いした。

「戸髙さん、そのテープを是非聴かせてください。一緒に番組をつくりましょう」

それまでも私たちは、戸髙さんをＮＨＫに招いて定期的に勉強会を開いていたが、この日もそれが一段落し、いつものように場所を近くの居酒屋に移し歓談していた。

戦時中の歴史には、多くの空白がある。終戦直後、連合軍が日本を占領する前に、軍部が重要資料の多くを焼却したためだ。「その空白を、反省会のテープが埋めてくれるのではないか」と私は期待したのである。この時、同席していたディレクターの右田千代、カメラマンの宝代智夫、編集スタッフの小澤良美も全く同じ気持ちであったと思う。

そして、このスタッフが中核となって、それから三年後に放送されるNHKスペシャル「日本海軍　400時間の証言」(全三回)と、この本のベースとなった特集番組「日米開戦を語る　海軍はなぜ過ったのか」を制作することになった。

歴史の空白を埋める生々しい〝告白〟

この時点で戸髙さんが保管していたテープは全体の約四分の一ほどであったが、ここから、戸髙さんと制作チームのリーダー右田による、残りのテープを探す、執拗かつ徹底的な〝探索〟が始まることになった。その結果、〝奇跡的〟に、ほぼすべてのテープが残っていることが判明したのである。録音された時からおよそ三十年の時を経て、実質的に国策を決定していた旧海軍士官たちの四〇〇時間にわたる議論が、この世に蘇ることになった。

それから取材チームは、「日本人だけで三一〇万人、アジアなど世界各国ではさらに多くの犠牲者を生んだ先の大戦を、日本はなぜ始めたのか？」「海軍はなぜ、戦況が悪化しても戦争を続け、特攻という作戦まで行ったのか？」そして「海軍は、自らの戦争責任をどう考えていたのか？」といった疑問に迫りたいと考え、四〇〇時間のテープをひたすら聴き続けた。そして、語られていた事実とその背景を確認するために、海軍士官の遺族や研究者などを日本の各地や海外で取材し、その後再びテープを聴くといった作業を繰り返していった。こうした取材で理解が深まると、「身内」だけの「本音」の議論のため、最初に聴いた時には意味がよく分からずに素通りしていた話が、二度、三度と聴くうちに、歴史の空白を埋める重要な事実を生々しく〝告白〟しているものだと分かってきた。

現代への教訓

反省会のテープは、次々と新しい歴史的事実を私たちに提示してくれた。私たちが注目したのは、当時の海軍士官の多くは「実は戦争には反対であり」「戦えば必ず負ける」と考えていたにもかかわらず、組織の中に入るとそれが大きな声とはならずに戦争が始まり、間違っていると分かっている作戦も、誰も反対せずに終戦まで続けられていった、という実態である。

そこには日本海軍という組織が持っていた体質、「縦割りのセクショナリズム」「問題を隠蔽する体質」「ムードに流され意見を言えない空気」「責任の曖昧さ」があった。それは、東京電力福島第一原子力発電所事故への関係機関の対応に見られるように、そのまま現代日本の組織が抱える問題や犯している罪でもあった。反省会の議論を現代と重ね合わせて考えることは、私たちが番組制作を進めていく上での重要なポイントとなった。

若者・中堅層からの反響

テープの発見から三年の取材を経て、私たちは「第一回　開戦〝海軍あって国家なし〟」「第二回　特攻〝やましき沈黙〟」「第三回　戦犯裁判〝第二の戦争〟」と題してNHKスペシャルを放送した(二〇〇九年八月九日から三夜連続)。

このシリーズ番組には、若い世代や社会の一線で働く中堅層を中心に二〇〇〇件を超える意見が放送直後よりNHKに寄せられ、私たちの想定をはるかに超える非常に大きな反響を呼んだ。ある大手企業では、クチコミで評判が広がり、番組を録画したDVDが社内に出回っている、などといった話が私たちに伝わり、多くの人たちが、番組で取り上げたことを現代日本で起きている問題、自分たちの問題と重ねあわせて視聴してくださったことが分かった。

それは私たち制作者の思いとも重なり、本当に嬉しいものだったが、一方で、あまりの反響の大きさに私たちは、これをどう受け止めたらよいのか、そして今後すべきことは何なのか、という問題を考えざるをえなくなった。制作チームで話し合った結果、反響を寄せてくださった視聴者の方々へ向けて、「昭和と戦争」に関する第一人者に、「海軍反省会」が今に伝えるメッセージを、鼎談という形で考えていただく番組を制作することにした。そのなかに、私たちが今後取り組むべきことを探りたいとも考えたからだ。出演は、私たちが番組の感想をどうしても伺いたいと考えた方にお願いした。それが、半藤一利さんと澤地久枝さんだった。お二人は私たちの申し出を快く受け入れてくださり、さらに戸髙さんも加わっていただけることになった。

歴史を受け継ぐ決意

三人の鼎談の司会は、小貫武が行った。小貫は、現代の安全保障の最前線を取材しながら、「日本海軍　400時間の証言」のキャスターを務めた。小貫が取材チームを代表して出演した意味は、「海軍の失敗を過去のこととして語らず、現代への教訓を探す。その際特に重要なことは、それを自分たちの問題として語る」という狙いからだった。

こうしたのは、取材チームの全員が、海軍士官を一方的に非難することにためらいを感じていたからである。日本海軍で起きた問題は、正直に言えば、今NHKという組織で働く私たちとも重なる部分があまりにも多かった。「自分たちを〝安全地帯〟に置いて、視聴者にメッセージが届くはずがない」と、鼎談に際しても、自分たちの問題として、小貫が三人に質問をすることにした。

番組の収録には、取材チームの全員、最も若い三一歳（当時）のディレクター内山拓、同じく三〇代のディレクター横井秀信、記者の吉田好克、カメラマンの佐々倉大、そしてプロデューサーの高山仁なども立ち会い、一言も聞き漏らすまいと三人のお話に耳を傾けた。半日に及んだ収録中、三人の方々の歴史に向き合う真摯な姿勢とその迫力に、私どもは何度も息をのんだ。

澤地さんは、海軍首脳部を、

「このエリートたちは、自分たちが戦争をするときに、自分たちの部下として、一番犠牲がたくさん出るであろう下々の兵隊たちのことを、本当に知らなかった」

と、末端にいる兵士に起きた悲劇について激しい怒りを述べられた。三人の中で最も若い戸髙さんは、「歴史を受け継いでゆく」責任について語られた。

半藤さんは全体の話をリードしていたが最終盤で、

「戦争で三一〇万人の人が虚しく死んで、亡くなって、その犠牲の上に戦後日本はできた、などということが盛んに言われましたけれども、その犠牲者のことを、日本人は本当に思っているかと言えば、私はあまり思っていないと思うんですよね」と、絶望的な暗い表情で語り、その話を澤地さんが、うつむきながら悲しそうに聞かれていた。そしてお二人は若い人に「二度と過ちを繰り返さないため、歴史を是非学んでほしい」と訴えられた。この時、戸髙さんが語った「歴史を受け継ぐ責任」を、私たち取材チームは強く感じ、これからも、日本の戦争を取材し番組をつくっていくことが、私たちの責任だと考えていた。

岩波書店の清水野亜氏の絶妙のプロデュースによって三人の鼎談にさらに加筆をした本書は、番組をご覧になっていない方にも、半藤さん、澤地さん、戸髙さんが伝えたかったことが、十二分に伝わる内容になっている。本書を、特に戦争を知らない、これからの日本をつくってゆく若い方々に、是非読んでいただければと願っている。

それが、半藤さん、澤地さん、戸髙さんの切なる願いであるからだ。

二〇一一年一一月

NHK大型企画開発センター
チーフ・プロデューサー　藤木達弘

海軍反省会と、その記録について

戸髙一成

「海軍反省会」は、従来から一部の人には、海軍の少将、大佐クラスの士官が、戦前の海軍の実態について語り合っている内輪の会合として、その存在が知られていた。しかし、一〇年以上にわたって継続した会でありながら、語られた内容に関してはほとんど知られることなく、平成三(一九九一)年に会が自然消滅するとともに、忘れさられていた。

反省会では毎回会議を録音していたが、これも発言者の証言を保存するというよりも、毎回の発言の要点を記録に残すための備忘メモ代わりであり、実際には再生されることもほとんどないままに保管されていた。

以下に、この反省会の概要と、テープが保存された経緯を紹介しておきたい。

昭和二〇(一九四五)年八月一五日、足掛け五年にわたった太平洋戦争が敗戦という形で終結を見た時、当然ながら、陸海軍内部では大きな混乱が起きた。その戦力の中核である艦艇のほぼすべてを失って、事実上全滅と言ってよいほど消耗しつくした海軍は、比較的素直に敗戦を受け入れた。

と同時に彼らは、太平洋戦争の敗戦の教訓を検討してまとめることを計画し、敗戦から半月ほどしか経たない九月二日に、米内《よない》光政海軍大臣の名で「大東亜戦争戦訓調査委員会」が設けられ、約一カ月後の一〇月九日に報告書がまとめられた。

しかしこれは、いわば公式見解であって、日米両国が衝突にいたる経過、開戦後の戦争指導の実態などの、個々の事例について細部まで追求されたものではない。このため、海軍関係者の間ではさらに、海軍の歴史の空白を埋めようとする作業が行われることになった。

まず、昭和二〇年一二月二二日から翌年一月二三日にかけて、海軍省の後身である第二復員省の臨時調査部が主体となって、日米開戦にいたる時期において重要な地位にあったメンバーを集めて座談会が企画され、発言記録が残された。

次いで、昭和三一(一九五六)年から三六年にかけて、海軍士官の親睦団体であった「水交会」が主体となって、小柳富次氏(元海軍中将)が、同じく海軍の枢要な地位にあった軍人の談話を聞き書きして、膨大な「小柳資料」を残した。

さらに、昭和五四(一九七九)年、水交会の主催で、小柳資料に続く談話記録を集めることを目的に「水交座談会」が始められ、同年九月から平成二(一九九〇)年二月まで八四回が行われた。この水交座談会は、毎回講師を招いて話を聞くという形であった。

同じ頃、昭和五二(一九七七)年七月一一日、水交会で、中澤佑《たすく》氏(元海軍中将)の海軍時代の話を聞く会が持たれたが、この折に中澤氏から、「海軍は美点も多かったが、反省すべきことも少なくない。反省会のようなものを作っては」という提案があった。これに賛同した野元為輝氏(元海軍少将)が、数人の賛同を得て、会合を持つこととなった。これが、「海軍反省会」の発端である。

野元氏は、まず事務局と幹事を考え、当時、海軍関係資料を専門に保存していた財団法人史料調査会(海軍文庫)の土肥一夫氏(元海軍中佐)に打診した。土肥氏は終戦時、軍令部参謀であり、戦後は第二復員省史実調査部などで海軍の資料調査を行った経験もあり、米内大臣以下、ほとんどの幹部士官と面識があることから、このような会合の幹事には最も適当と思われた。

土肥氏は、当時部下であった海軍文庫主任司書の戸髙(私)に、「今度古い先輩たちの会合をやることになったが、いろいろ手伝ってください」と言い、作業が始められた。以後、土肥氏が中心的な幹事を担い、私は、史料調査会の業務と並行して、海軍反省会の連絡事務や配布資料の作成などの雑務を行うこととなった。

第一回の反省会は、昭和五五(一九八〇)年三月二八日に水交会で開催された。出席は九名であった。

この九名はほとんどが、海軍省、軍令部といった海軍の軍政、軍令の意思決定機関に勤務した経験などの経歴を持つか、連合艦隊参謀、空母艦長など、実際の艦隊で激しい戦闘の実体験を持つ人々であった。それだけに、海軍の戦争突入の決定に至る経緯と、無残な敗戦を迎えた背景に、それぞれ個人的な体験から来る重い記憶をもっていた。また年齢的な点からも、海軍において枢要な地位にあった人物が沈黙のままに次々と亡くなるなかで、自分たちに残された時間も僅かなものに過ぎないとの焦燥感から、いま、自身の体験や記憶を記録にしておかなければ、多くの事実が失われてしまう、とも考えていた。

こうしたことから、自分たちの残す記録が、何らかの形で後世の参考となることを願っての反省会発足となったのである。その後増えていった反省会会員も基本的に、日本の歴史の中で重要な瞬間に立ち会った、極めて貴重な経験を持つ人々であった。

そして、この第一回反省会において、会の正式名称を「海軍反省会」とすること、反省すべきことを忌憚なく自由に発言するために、あるいは個人攻撃に類する発言があることも予想されるので、会の記録は将来の日本に伝えるものではあるが、当面は一切部外秘として公表しない。会員が認めた海軍関係者以外一切の部外者の出席を認めない、との方針を確認し、毎回、軍縮問題、三国同盟問題、海軍の人事問題など、大きなテーマを立てて、参加者が自由に自身の体験を中心に語る、という形をとることとなった。

第一回の開催以来、僅かな会員のみの談話会に終わらせないために、海軍反省会が研究すべきと考えられるテーマに関しては、それぞれの問題に直接関わった人物に話を聞く必要がある、ということから、海軍の人事、教育、軍備計画など、当時の担当者に声をかけて、反省会への参加と、それぞれの経験についての発言を求めていった。このため、回を追うごとに会員は徐々に増加した。

同時に、若い世代の海軍関係者の中にはこの反省会の存在を知って、是非話を傍聴させていただきたい、といった要望も出され、第一〇回くらいから、出席者は最大で二十数名に達し、ほぼこの規模で以降も推移した。しかし、場合によっては個人攻撃も辞さないという会の性格を考慮して、部外者の参加、さらにはマスコミの取材などは許可しないことを守り、海軍関係者以外は一切、正式な会員とはしなかった。

会合は毎月一回行われ回を多く重ねたが、反省会としては、依然さまざまなテーマの検討が必要とされた。当初は数年で一定の結論を出すことが目指されていたが、途中からは、限定的な結論を出すよりも、可能な限り多くの証言を残すほうが、実体験者に課せられた任務として重要である、というような意識も強くなっていったために、あえて会の終期を考えずに開催が続いていた。

会の運営は、基本的に有志の寄付によるもので、会費は徴収しなかった。会における発言は部外秘とする以外、特に会則もなかった。反省会の議題については毎回かなり激しい質疑、追及もあったが、それ以外は、青壮年期を、海軍という社会でともに過ごした旧友の親睦会的な側面もあり、そのような和やかな空気が、十数年にわたる会の継続を可能にしていたと考えられる。

幹事は当初、土肥一夫氏が引き受け、老齢を理由に後半は、海軍兵学校六二期の平塚清一氏(元海軍少佐)が引き継いだ。これにともない、私も、後半の会務に関しては具体的には関わらず、従来からの関係者として毎回の配布資料を受け取るのみであった。

反省会の開催数は一〇〇回を超え、開会当初の、古老とも言うべき会員は徐々に亡くなり、平成三(一九九一)年四月二五日の第一三二回で、記録は途絶えた。

次に海軍反省会の録音テープの来歴についてであるが、先に記したように、会合の際は毎回録音を行っていた。一回につき、一二〇分テープがほぼ二本である。会場で土肥氏が録音し、自宅で要点を抜粋したあと、氏が保管していた。

幹事を平塚氏に代わったあと、土肥氏は一〇〇本弱のカセットテープを持ってきて、私に渡した。調べると、そのうちの約半数ほどが海軍反省会の録音テープで、残りも海軍関係の会合の録音だった。土肥氏は、「これは、とにかく戸髙さんが持っていてください。みんなの希望は、主な発言者が生存中は絶対に公表しないということです。しかし、全く公表されなければ、自分たちの発言の意味もなくなるから、時機を見て、きちんとした形で発表してほしい。私が持っていても、私が先にあの世だよ。一番若い戸髙さんに頼むしかない」と言われた。

当時、数本再生して聞いてみたが、あとで文章に起こすことが全く考えられていないために、複数の発言者の声が交錯したり、ぼそぼそと、ほとんど聞き取れないような小さな声で発言したり、発言の前に自分の名前を言うなどの録音に対する配慮がないために、いったい誰が何を発言しているのか判断するのに困難を感じる録音も少なくなかった。

ともかくも、海軍反省会の手伝いは公務ではないので、昭和六三(一九八八)年に土肥氏が亡くなったあと、私は手元のカセットテープをダンボールの箱に入れて、このテープを公開する機会などあるのだろうか、と思いながら二〇年近く自宅で保管することになった。

平成一八(二〇〇六)年、知り合いのNHKの藤木達弘プロデューサーと時々行っていた、日本海軍の歴史に関する勉強会の時、たまたま海軍反省会の話題になり、テープを保存していることを話した。藤木氏の反応はビックリするほどで、その場でテープを貸すことを約束した。

藤木氏は、「戸髙さん、絶対そのテープ、聞いては駄目ですよ。もしも劣化していて、膜面が剝離などしたら、再生不能になります。NHKの技術担当者に複製をつくらせますから」と言った。しかし、「私が持っているのは、反省会全体の最初のほうだけで、幹事が代わったあとのテープは持っていません」と話すと、「何とか探せませんか」と言うので、後日、反省会の後半の幹事をしていた平塚氏の電話番号をディレクター(当時)の右田千代氏に伝えた。

まもなく、右田氏から、「戸高さん、連絡とれました。平塚さんはお元気です。戸高さんのお名前を出したら、懐かしがっていました」と知らせがあった。平塚氏には随分お世話になっているので、久しぶりにお邪魔することにし、右田氏と平成一九(二〇〇七)年八月、平塚氏宅を訪ねた。

平塚氏には長らくお目に掛かっていなかったが、九二歳とは思えない、しっかりした話しぶりだった。話題が海軍反省会に及ぶと、「実は、私が幹事をした回のテープは全部保存している」と言われた。そしてしばらく考えて、「戸高さん、資料は全部貴方に託す。もう私が持っていることはない」と、私たちを書斎に案内された。平塚氏の机の下から、厳重に梱包されたダンボールが引き出された。中には一一〇本のテープが収められていた。

平塚氏にとっても、海軍反省会の資料の保存は最後の任務であったのだろう。テープを私に渡すことを決めたあと、氏はほっとした表情になられた。

こうして、反省会の録音テープはかなり集まったが、私と平塚氏が保存していた部分にはまだ大分欠落がある。私は最後の望みを、土肥氏のご子息、土肥一忠氏に託して電話をした。一忠氏は父の一夫氏とそっくりの声で、「何かそういったものはあると思います。探しましょう」と言い、しばらくして「戸高さん、見つかりました」とのご連絡を頂いた。

海軍反省会が始まってから二七年、反省会が終わってからでも一七年を経て、全く互いの存在を知らないままに三カ所にばらばらに保存されていた資料が、とうとう集まったのである。僅かな欠落は残ったものの、本当に奇跡という言葉を感じた瞬間だった。

以後、テープはＮＨＫで複製がとられ、あらためて最初から聞き取りの作業が始まった。

この作業の結果、平成二一（二〇〇九）年八月、ＮＨＫスペシャル「日本海軍　４００時間の証言」として全三回の番組が放送されることとなった。どの回でも、中堅幹部として海軍の中枢にあった人物の生の声による証言は、見る人に大きな衝撃を与えた。私自身も、人生の最後の瞬間まで、歴史の証言者として、いくつかの誇らしい思い出と同時に、多くの苦渋に満ちた失敗の記録を後世に残そうと努力していた海軍反省会の方たちの、執念にも似た熱意を、発言者の面影を偲びながら、あらためて感じることができた。

今回の半藤一利氏、澤地久枝氏と私の鼎談は、この三本の番組を背景として企画されたものである。同じ年の一一月に収録され、翌一二月の日米開戦記念日に向けて、「日

米開戦を語る　海軍はなぜ過ったのか」と題して放送された。

現在テープは、私の手元で書き起こしを進め、順次ＰＨＰ研究所から『証言録　海軍反省会』として、平成二七(二〇一五)年六月現在、第五四回から第五九回の反省会を収めた第七巻までが出版されている。完成までにはまだ数年を要する仕事ではあるが、縁あって海軍反省会に関わり、これらの資料を託されたのも、私がこれをまとめるためであったのだと思い、作業を進めている。

本書は、NHK制作の番組「日米開戦を語る　海軍はなぜ過ったのか――400時間の証言より」(二〇〇九年一二月七日放送)をもとにした。本書の鼎談の司会は番組と同様、小貫武(NHK報道局社会部デスク・当時)による。

書籍化にあたっては、脚注を施した(監修・戸髙一成)。脚注において、「〜期」は海軍兵学校の卒業期を、階級は、陸軍の階級以外はすべて海軍の階級を示す。

また、各章扉に掲載の証言は、海軍反省会や番組などからの抜粋であり、カッコ内に、その発言がなされた反省会の回と年などを示した。

目 次

1　海軍反省会、生の声の衝撃

「敗戦の原因は何かということを考えるだけでも、大いに後世のために役に立つんじゃないか」——野元為輝元少将(第一回、一九八〇年)

「結局これは、恥をさらすんだから、門外不出にしよう。それで自由な発言をしようじゃないかと。人間も恥部をさらすのは嫌でしょう。だから、海軍には残すけれども、一般には残さないと」——平塚清一元少佐(NHKスペシャル「日本海軍　400時間の証言」より)

「海軍のなかで第一級の人物ばかり集まっている。同じような間違いを次の時代に繰りかえさないという思いが、皆さんの思いじゃなかったかというふうに思っています」——市来俊男元大尉(同)

鼎談者プロフィール

澤地久枝（さわち・ひさえ）

一九三〇年東京都生まれ。敗戦で旧満州より引き揚げ、のち中央公論社勤務を経て、ノンフィクション作家。主な著書に『妻たちの二・二六事件』、『火はわが胸中にあり』（日本ノンフィクション賞）、『滄海よ眠れ』『記録ミッドウェー海戦』（ともに菊池寛賞）など。

半藤一利（はんどう・かずとし）

一九三〇年東京都生まれ。文藝春秋で「週刊文春」「文藝春秋」編集長、取締役などを経て、作家。主な著書に『日本のいちばん長い日』、『ノモンハンの夏』（山本七平賞）、『昭和史』（毎日出版文化賞特別賞）、『あの戦争と日本人』、『十二月八日と八月十五日』など。

戸高一成（とだか・かずしげ）

一九四八年宮崎県生まれ。財団法人史料調査会理事、厚生省所管「昭和館」図書情報部長などを経て、呉市海事歴史科学館（大和ミュージアム）館長。著書に『聞き書き・日本海軍史』、『海戦からみた日露戦争』など、編書に『証言録　海軍反省会』など。

――海軍反省会の証言を聞いて、率直なご感想はどういうものでしたか。

澤地　私は女ですし、戦争中は子供でした。それから、当時の満州、現在の中国東北部内陸部にいたということもあって、日本の軍艦を見たことがないんです。それくらい海軍は遠くのものでしたが、縁があって、日本海軍の戦闘ではなくて、海軍に関わる人びとを文章に書くことになったのです。あの「日本海軍　400時間の証言」を見て、本音と嘘と、建前と、いろいろなものが混じっていますけれど、生の声を聞けたのが本当におもしろかったですね。ひと言でいえば、とてもおもしろかったです。

半藤　私は、あの反省会にお出になられている人たちには取材でずいぶん会っていますから、話はだいたい聞いていたんですが、海軍の人も陸軍の人も、不思議に嘘が多いんですよね。要するに自己弁護する。ですから、よっぽどこちらが勉強していかないと、嘘をつかれていてもわからないんです。インタビューに行って、相手の言い分だけを聞いても、全部信じちゃいけないなぁという経験は何遍もしました。私たちみたいな軍隊経験のない外部の人間に対しては結構ごまかして言う人が多いんですが、あの番組を見まして、あぁ、これはなかなかどうして、歯に衣を着せずにみんな本当のことを言っているわ、と思いました。

なんと言いますか、お互いに追及すべきところを追及していますよね。そういうところを見ますと、仲間同士では海軍さんというのは率直なんだ、フランクなんだということはわかりました。ですから、私たち外部の人間にもう少し丁寧に言ってくれればいいのになぁと思いながら、感服して見ていました。そういう意味では、澤地さんと同じでおもしろかったですけどね。

――反省会には、戸髙さんは実際に出席されたご経験をお持ちと伺いましたが。

戸髙　私は、本当に数回だけしか現場の会議には顔を出していませんし、当然手伝いであって、出席という形ではありません。ほとんどの仕事は、事務局をおいていた財団法人史料調査会(1)で資料を調製したり、会員の方に資料を送ったり、会議の録音テープを保存したりなどのお手伝いをしていました。

反省会ができる前にも、私の勤務していたその史料調査会などでときどき、反省会に出席されているような人がよく訪ねてきては、一緒にお昼ご飯を食べたりしていたのです。そんなときなどには、皆さん、かなり内輪の話、自分たちはこうだったという話をするんです。そういったことがそのまま、話だけのまま流れて消えてしま

(1)　一九四六年創立。防衛問題を研究する公益法人。旧海軍の史実調査も行った。

うということがあって、私などでも、もったいないなあという気持ちでいました。そこで、野元為輝(2)さんなどが言い出して、みんなで集まって、それをまとめておきたいということから、反省会というものを立ち上げたのです。

それは、歴史に対して何かを遺さなければいけない、きちんとしたものを遺さなければいけないという気持ちから発しているので、そういった意味では非常に立派だったと思います。ただ基本的に、全部本当にさらけだしているかというと、嘘はないにしても、根底には海軍擁護の気持ちが、やはり拭いきれないものがあるんですけれど、そういったところをのぞいても、反省会は立派な会議だったと思います。私は、反省会に不十分な個所があったとしても、なんとか本音を残そうとした気持ちには、敬意を表しています。

反省会の幹事をしておられた土肥一夫(3)さんが私の職場

(2) (一八九四—一九八七)44期、元少将。「千歳」「瑞鳳」「瑞鶴」艦長を歴任。

(3) (一九〇六—八八)54期、元中佐。連合艦隊参謀、のち軍令部員、大本営総合部員など兼務。

の上司で、いつも一緒にいたんです。史料調査会は、海軍の資料を保存している財団ですが、私はそこの主任司書をしていました。最後のころは財団の理事に就任しまして、古い理事の方に、「史料調査会にも、とうとう戦後生まれの理事が誕生したか」と感心されたりしました。ほとんどの理事の方は明治生まれでしたから、私は孫のような歳だったのです。もともと、ここに勤めたきっかけは、土肥さんや他の理事の方が私を推薦したことが始まりです。

土肥さんという方は人がいいというか、たいへん顔が広くて人当たりがよくて、会うと皆が「土肥さん頼むよ、なんとかしてよ」と言う。そういった方でしたので、海軍関係の団体では、土肥さんは重要な幹事的役割を担っていました。キャリア的にも、連合艦隊の参謀であったり、軍令部の参謀であったり、どこに行っても土肥さんのことを知らない人はいないということで、皆さんがと

軍令部→22頁(20)

ても当てにしていた人です。そういう意味でたいへん立派な幹事だったと思います。

土肥さんが会で果たされた役割は大きくて、実際の発言は少ないんですが、要所要所できちんと会をコントロールしています。それに、一番難しかった、反省会の録音テープから簡単にアウトラインを文字起こしするような初期の作業のように、土肥さんでなければできないような作業もしていました。それから、ここが足りないと言うと、資料を探したり調製したりと、細かいところまで気を配ってらして、海軍の歴史をきちんと残したいという反省会のことは、土肥さんは生涯かけてやった作業だったと思います。

取材で関わった海軍の人々

——反省会のメンバーの方とは皆さん、取材や、いろいろな形で関係があったり、知り合いであった、そういうところでの思い出はありますか？

澤地　半藤さんは早いですよね。

半藤　私は早いほうですね。いまはもう知らない方が多いと思いますが、ワシントン軍縮条約で一〇・一〇・六の比率をスクープしたといわれている伊藤正徳(4)さんという新聞出身の軍事評論家がいらっしゃいます。当時私は、文藝春秋でこの方の本の担当になったんですけれど、その時に伊藤さんが――昭和三〇年か三一年くらいですが――、海軍は戦後皆口をつぐんで、陸軍が無理矢理戦争に引っぱっていったとか言うけれど、あながちそういうもんでもないですよ、と私に教えてくれたんです。伊藤さんは海軍記者でしたから、「そういったことはどなたに聞けばいいんですか」と私は聞いて、教えてもらったんです。

もちろん提督たちは反省会には関係ないですけれど、

ワシントン軍縮条約→45頁(33)

(4)（一八八九―一九六二）ジャーナリスト。戦前、海軍記者として活躍、戦後は『連合艦隊の最後』『大海軍を想う』(ともに初版は文藝春秋、一九五六)など戦記を多く執筆。

嶋田繁太郎(5)さんとか小澤治《じ》三郎《さぶろう》(6)さんとか、将官クラスの偉い方にはたくさん会ったんです。それで、海軍というのは必ずしも一枚岩ではなかった、よく言われるような、対米戦争に反対していたんじゃないんだ、という史実を私も少しずつわかってきたんです。そこで、この反省会にお出になっている若い方々にもお話を聞こうと、昭和三二、三年くらいに、盛んに歩き回ってインタビューしましたね。

澤地　大井篤(7)さんとかですか。

半藤　大井さんにはかなり早く会ったんですが、大井さんは困ったことに、あまり実戦を知らないんです。たとえば、ミッドウェー海戦(8)を大井さんは知らない。

澤地　はい、そう言っておられました。

半藤　そういう難点があるんですよ。何でも知っているわけじゃあございませんから。大井さんのような佐官クラス(9)の中堅の方たちというのは部署部署に分かれてい

(5)　(一八八三―一九七六)32期、元大将。一九四一年海軍大臣(四四年まで)、四四年軍令部総長(同年まで)。

(6)　(一八八六―一九六六)37期、元中将。日本海軍最後の連合艦隊司令長官。

(7)　(一九〇二―九四)51期、元大佐。人事局員、軍令部員を経て、のち海上護衛総隊参謀、連合艦隊参謀を兼務。

(8)　太平洋戦争初期の一九四二年六月五―七日、中部太平洋ハワイ諸島北西に位置する米領ミッドウェー諸島周辺海域で行われた日米海空戦。連合艦隊司令長官山本五十六は、同島攻略により日本本土への米軍攻撃を防衛し、同時に米空母を撃破しようとしたが、主

ますから、知らない面は全然知らないんです。そういう意味では、こちらが闇雲に会いに行って「ミッドウェー海戦の話を」と言っても、大井さんが「それは俺は無理だー」と言った、なんて話もありますよ。ですから、こちらもその方の履歴などを丁寧に調べて、これを狙いどころとして聞かないと無駄になる、ということはよくわかりましたね。それからは、だいぶ注意してやりました。そういうところはありましたが、まだ時期が来ていなかったんですかね、昭和三〇年代はじめのころは、口を濁す方もかなり多かったですね。

澤地　私は、ミッドウェー海戦という、太平洋戦争で大きなターニングポイントになった海戦での、日米の戦死者を調べるという仕事を昭和五四年から始めましたが、戦闘経過もわからなければならないので勉強しましたし、何人かの海軍の方にもお目にかかっています。しかし会っていなくても、私は旧海軍軍人から、ひどく叩かれた

力空母四隻を失い敗退。この海戦により以後戦局は米軍優勢となる。

(9)　海軍の区分(階級)は、将官(大将、中将、少将)、佐官(大佐、中佐、少佐)、尉官(大尉、中尉、少尉)、准士官(兵曹長)、下士官(上等・一等・二等兵曹)、兵(兵長、上等・一等・二等兵)。

人間です。海軍の佐官クラス、少佐中佐くらいの方からはもう、国賊のように叩かれました。でも、大井さんとか土肥さんとか、それから何人かの方はとても理性的に接してくださって、私はいろいろ教えていただきましたね。

　話が飛びますけれど、ミッドウェー海戦[10]について、アメリカの有名な戦史家ウォルター・ロードの本でベストセラーになった『逆転』がある。ここにも「運命の五分(fatal 5 minutes)」という、あと五分あったら日本海軍は勝っていた、という記述があります。日本側でも、淵田美津雄[11]さんや奥宮正武[12]さんが『ミッドウェー』という本に同じことを書いていますが、この話がずーっと生きているんです。私も疑わずに調査を始めたのですが、戦闘詳報をいくら調べてみてもそうはならない。五分にはならないんです。たとえば雷撃機[13]の爆装を海・陸・海と取り替えるために何分間かかるか。そんな短い時間には

(10)　Walter Lord(一九一七―二〇〇二)米国の歴史家、作家。著書に『逆転――信じられぬ勝利』(フジ出版社、一九六九)のほか、『タイタニック号の最期』(ちくま文庫)、『真珠湾攻撃』(小学館文庫)など。

(11)　(一九〇二―七六)52期、元大佐。空母「赤城」飛行隊長、真珠湾攻撃の空襲部隊を指揮、のち連合艦隊参謀など。

(12)　(一九〇九―二〇〇七)58期、元中佐。航空戦隊参謀を歴任、のち軍令部員。『ミッドウェー』(学研M文庫)は淵田との共著。

(13)　魚雷、あるいは爆弾による攻撃を行うことのできる航空機。日本海軍では「攻撃機」と言った。雷撃とは、魚雷による攻撃のこと。

できないのです。それでもこの説はずっと残ってきていて、私はまったく孤立しました。「運命の五分間説」はおかしいと言って、憎まれました。たった一人半藤さんだけが、あなたが言っていることは当たっているかもしれない、とおっしゃってくださいましたね。他の人は誰も耳を傾けてくれなかった。

私は、海軍が大事に隠してきたことをばらしたわけなんですね。海軍がミッドウェー海戦でアメリカ側の捕虜を殺したことが第一航空艦隊の戦闘詳報に残っていることを、私は「王様は裸だ」と言うように書かなければならなかった。私は取材で、その殺された捕虜の家族に会っているんですから。とてもおかしいのは、ある日私は珍しく電車に乗って、立っていたんです。ひょっと気がついて上を見ると、車内吊りの週刊誌の広告に「澤地久枝」とデカデカと書いてある。海軍に対する誣告《ぶこく》よばわり——つまり、貶《おとし》めて馬鹿にすることの非常に強い表現

――は許さんぞって。著名な海軍出身の戦記作家が書いていたんですよ。

私は、自分が罵《ののし》られている車内吊りの下に立っていた。それでなるほどと、わかったんです。取材のために旧軍人たちに会おうとしても拒絶されていました。なぜ拒絶されるのか、わからない。一人の戦死者のことを知るにも、誰々さんに聞きなさい、と電話番号を教えられて、その繰り返しをしていたんです。それがようやくわかりました。そのとき私は、海軍というのは腹黒いな、って思ったんですよ。

――反省会の出席者のなかで、澤地さんに対する何らかのリアクションをされた方はいましたか？

澤地　直接はありませんでした。でも、助けてくれた人は大井篤さんですね。大井さんは、海軍がミッドウェー海戦で虎の子の四空母を失って惨敗を喫していたこと

(14)　昭和期の陸軍部内に一九三二年頃から形成された派閥。皇道派は、大将などの将官と尉官級青年将校からなり、当初陸軍の要職を占めた。反皇道派勢力である統制派は幕僚将校を主体とし、財閥・官僚と結んで総力戦体制の樹立を目指し軍部内の統制を主張。

を自分も知らなかった、と言ってました。それで、あなたは間違えていない、と言われたんです。頭をぶん殴られているようなあとですから(笑)、その言葉には助けられましたね。

戦死者の海兵同期生などに、どんな青年だったか尋ねて、何も知らないと、まことに丁寧な拒絶という仕打ちを受けたわけです。だけど、大井さんから、自分も知らなかったと言われたときには、海軍の軍人を一色で決めてはいけない、と思いました。やっぱり人それぞれだと思うのです。

半藤　海軍は、先ほども言いましたように、必ずしも一枚岩ではなかったんですね。陸軍の皇道派、統制派[14]の派閥のように有名ではないですが、昭和のはじめのころに、昭和五年のロンドン軍縮会議[15]をめぐって海軍で、「艦隊派」「条約派」[16]という言葉がよく言われました。海軍は所帯が小さいですから、陸軍のような強固な徒党を

皇道派は天皇中心の国体至上主義を信奉し、直接行動による国家改造を企図したが、三六年の二・二六事件により勢力が一掃され、以後軍部の主導権は統制派に握られる。

(15)　一九三〇(昭和五)年、列強海軍の艦艇保有量の制限を目的に開催された国際会議。主力艦の保有量を英、米は一五隻、日本は九隻とし、日本の補助艦(主力艦以外の海軍艦艇)の保有率を対米七割弱とするロンドン海軍条約が締結される。

(16)　ロンドン条約締結をめぐり、海軍部内に形成された一種の派閥。締結に反対する艦隊派は軍令部を、賛成する条約派は海軍省を主体とする。

組んでいるわけではないんですよ。だから、派閥といっても柔らかなもんですが、あいつはこういう考え方の持ち主だというレッテルを貼るんです。そういうレッテルを貼られた人たちがやがて左遷とか、重要な位置につけられなかったりするという時代が、昭和一〇年代に始まります。つまり条約派の人たちは排斥された。

そういういわゆる海軍の対米英強硬派の人たちに、つまり艦隊派の人たちに聞きに行っても、だいたい、「米英撃つべし」なんて空気はなかったと言って隠しますね。でも、反主流派ではないけれど、弱小派のほうに入った人たちは、あからさまに言います。そういうふうに一枚岩じゃない。そうなんですけれど、海軍の悪口にたいしては一枚岩になる。澤地さんが、「運命の五分間」はなかった、つまり、自分たちの作戦失敗を糊塗するための作文であるということを発表されたときには、奇ッ怪なほどものすごく反発するんですね。ミッドウェーを戦った人たちからは、これはもう、ものすごかった。その事実は私はよく知っています。私も、おまえは澤地の仲間だろう、なんて言われましたから。

戸髙　私は澤地さんが、ミッドウェー作戦を題材にした作品『滄海《うみ》よ眠れ』(17)で、資料を探すお手伝いを一部させていただいていたので、私もよく知っています。でもやはり、事実というのは一つなんですね。解釈というのはいろいろあると思うんですが、事実は一つなので、それをきっちり詰めていくとやはり、見えてくるものは通説とは違うのではないか、ということがたくさんあるんです。そういったことを、あったことをあったようにきちんと出していくことに不都合はないはずです。私もまったくどこにも遠慮のない人間ですから、澤地さんの話を聞いたとき、あぁなるほど、それなら話が腑に落ちる、と素直に思いました。

反省会に出席されているうちのかなりの方が、私が勤

(17)　澤地久枝著、全六巻、毎日新聞社、一九八四—八五年。のち文春文庫。

めている史料調査会にときどき顔を出している人でしたから、半数くらいの方は、よく知っていました。澤地さんの話をしてみますと、みな、本音では否定しないんですよ。でも、その大枠として、海軍全体が悪者にされるのは嫌なんですね。だから、この話についてはそうだ、と。たとえば千早正隆さん(18)は、じつはあの通りなんだ、海軍はアメリカを舐めきって、作戦を立てていたんだ、と私に言ってくれたこともあります。

そういうふうに、海軍の人たちには、海軍を守りたいという気持ちと、やはり事実を残したいという気持ちのなかで一つの葛藤があったんですね。それで、晩年になってやはりどこかで残しておきたいという気持ちが、反省会という形でまとまったんだと思っています。

半藤　戦後もここまで時間が経ってくると、皆さんがかなり素直になってきたんですよね。私たちが会ってる時代はものすごく頑《かたく》なな人がいましたが、それが今度は、

(18)（一九一〇―二〇〇五）58期、元中佐。「長門」分隊長などののち、連合艦隊参謀、海軍総隊参謀を兼務。

反省会のテープを聞きますと、アレアレ、この人ずいぶん素直に発言しているなぁという人もいますね。

――反省会が始まったのが、戦後三五年経った昭和五五年からですから、やはり、ギャップのようなものを感じられますか。

半藤　私は、じつは反省会をやってるということは昭和六〇年ごろ耳に入って知っていたんです。はじめのときは知りませんでした。私の存じよりの海軍のみなさんは黙っていましたからね。

戸髙　私に最初にお手伝いの話があったときには、土肥さんが、じつは今度こういう会をやるので手伝ってくれ、ということでした。ただし、みなが言いたいことを本音で言うために一切、部外秘でやる。だからそういうつもりでいてくれ、ということは言われました。内輪だから安心して、ああいうこともこういうことも言える。

なおかつ、反省会でやったことは残さないといけないが、主な発言者が存命中は、公表するのは嫌だということだったのでしょう。個人攻撃に近いことも少なくないですから。

澤地　海軍の恥をさらすんだから、海軍限りの記録にしよう、一般にはないことにしよう、と言っている人がいましたね。

戸髙　そういう人もいましたけれど、最後にはやはり、役に立たないといけない、という気持ちで反省会はスタートしているんですね。普通に考えると、さっさと公表したらいいだろうと思われることでしょうけれども。

澤地　でも、意見は一つではないですね。

半藤　大井さんには、何やら皆さんが集まって、反省会をおやりになっていらっしゃるようですが、と聞きました。すると、やってます、やってます、と言うので、一遍出席して聞かせてくれませんか、と言うと、あぁいいよ、と言ったんですが、四、五日経ったら電話がかかってきて、いやぁ、仲間のなかに、身内だけにしようという強い意見があるので勘弁してくれ、ということでしたね。

戸髙　何度かそういうことがあったんですよ。マスコミの人でも反省会について聞いた人がいて、是非取材させてくれ、同席させてくれ、という話が何度かありましたけれど、ことごとく断りましたね。

半藤　全部断った。一枚岩になって断った。だから、残念ながら、一〇〇回以上もやってるのに一度も出席できなかった。

反省会を構成したメンバー

——派閥の話がありましたが、反省会出席者の名簿を見て、反省会がどういったメンバーで構成されていたか、あるいは、反省会が、海軍のなかでどういう位置づけになるかということについて、どう感じましたか？

戸髙　メンバーを見ておもしろいのは、艦隊派と条約派と言ってよいようなメンバーが、半々とまでは言いませんが、実によく混じっていることですね。海軍の人は、「いわゆる艦隊派とか、条約派とかいうような、派閥じみたものはないよ」と言いますが、まあ、大雑把に言って、海軍省[19]系の人と軍令部[20]系の人といった分け方に近いですね。

半藤　本当に見事に混じっていますよね。

戸髙　土肥さんなどは艦隊派の若手で、海軍省でもにらまれているくらいのバリバリの右派だったんです。昭和一〇年ごろに、特高警察[21]が、艦隊派の海軍士官の素行調査をしたことがありますが、その極秘の名簿のなかに、土肥さんの名前が出ているくらいです。そういう人と、たとえば大井さんのような、条約派できっちりいきたい

(19)　予算や人事など、海軍一般の軍政事務を司った中央官庁。
(20)　天皇を補佐し、国防や作戦計画の立案など、軍令事項を司った海軍の中央統帥機関。長官は軍令部総長、部員は軍令部参謀。
(21)　特別高等警察。社会運動や言論・思想取締りのために、一九一一年設置。

という人と、いろいろなメンバーがちゃんと混じっているので、意見の出る角度が偏っているということはないようなメンバー構成だと思いますね。

半藤　不思議なくらいお互い喧嘩などしなかったんですね。主流派と反主流派というだけではなくて、海軍のなかには、いわゆる鉄砲屋とか水雷屋、航空屋さんとか、専門があるわけです。ここでも、仲が悪いと言ってはおかしいんですが、意見が違う人がいるわけです。黛治夫《まゆずみはるお》さん(22)などは鉄砲屋さんの最たるものですから、航空戦なんて馬鹿なことをやったのが大間違いだ、と死ぬまで言っていたんではないですか。まともに艦隊決戦をやれば勝てた、なんて言ってね。そういう人もこの反省会にはちゃんと混じっていますからね。

澤地　大体としては、軍令部とか海軍省とかの、つまりエリートの方たちですね。実戦ではあまり仕事をしていない人たちではないですか。例外的なのは鳥巣建之助(23)

(22)（一八九九—一九九二）47期、元大佐。「大和」艤装員（副長）、横須賀砲術学校教頭などを経て「利根」艦長、終戦時には化兵戦部長。

(23)（一九〇八—二〇〇四）58期、元中佐。第六艦隊兼第一特別基地隊参謀など。第一特別基地隊は「回天」作戦実行部隊。

さんです。鳥巣さんは人間魚雷「回天」(24)を指揮した人でしたから、戦後は生き残った人や遺族から突き上げられているんです。私も人間魚雷「回天」のことを調べて書きましたけれども、鳥巣さんのところには行きたくないと思った。あなたは彼らを殺したのね、という気持ちです。鳥巣さんはとても親切で、何でも教えてあげるからいらっしゃい、と言われたけれども、私は行かなかった。

戸高　この世代は、実施部隊の人が少ないのは当然で、みんな死んでいるんですよ。中小艦艇の艦長クラス、中佐の古手くらいの世代は、戦死率が非常に高いので、本来反省会にいてしゃべったらいいような人はずいぶん亡くなっていますね。船が沈むときは、艦長は一緒に沈むのが当たり前という時代の人たちだから。

澤地　そうです。ですから、反省会は生き残りエリートの会議だなという感じがしますね。

半藤　とくに兵学校(25)卒業の古いほうの人たちの名前を

(24)　兵士一人が乗り込み敵艦に体当たりする特攻兵器の一つ。→特攻、125頁(18)

(25)　海軍兵学校。海軍士官養成のための学校。広島県江田島に所在した。

ざっと見ますと、みんなエリート中のエリートだなという感じがしますね。

澤地　大井さんは、海軍大学校(26)には行ってないのではないですか？

半藤　行ってるのではないですか。

戸髙　海大の専科学生として東京外国語学校に行っていますね。いわゆるエリートコースの甲種学生(27)ではない。大井さんは、いつも他の人と違う視点でものを見ていましたね。みんな大井さんには一目置いていましたけれど、ときどき、大井さんは、少し物言いがくどいなあ、なんて言われることもありました。

澤地　私は、大井さんがあんなにきっちりものがわかるのは、海軍大学校に行かなかったからかと、経歴を見て思ったのです。エリート養成の軍の教育機関というのも、問題があったんじゃないですか、視野が狭いという。

戸髙　陸軍もそうですけれど、教育するときに「君た

(26)　幹部将校教育のための学校。東京都目黒に所在した。

(27)　海軍大学校甲種学生。幹部将校を養成する課程。

ちはエリートだ」と言うのが、まず最初のひと言なんですね。ですから、艦隊派にしろ条約派にしろ、自分らが主流だと内心は思っているんですよ。どちらが主流、反主流ではなくて、自分こそが海軍を背負っているという形に教育しすぎているんです。そういったことはあると思いますね。

半藤 それが戦後、昭和三〇年代の終わりくらいまでは、「帝国海軍のために」と一つにまとまってしまうんですね。決して外には矛盾を出さないんです。

澤地 一枚岩のような顔をして。

半藤 一生懸命、仲良くやっていたんだという顔をしておりますけどね。ところが、昭和四〇年代くらいになると初めて、みなさんが腹の底から、責めるべきことは責めるのだ、という気持ちが出ていますね。第一回が昭和五五年ですから、戦争から三五年は経っている。責任追及のためにはこれだけの時間が必要だった。お歳になったせいもありますね。

澤地　冥土の土産じゃないですけど、これだけは言っておかないと後味が悪いな、というのがあったんじゃないですか。自分の同期生が死んだり部下が死んだりするということがたくさんあって、自分は老いるまで、何でもないように生きてきた。そしてもう一つには、全部悪いことは陸軍に押しつけて、海軍は無謬、間違いなし、というのは非常に露骨な方針としてありましたから、それはちょっとやりすぎた、という感じもあったんじゃないですかね。

戸髙　もう一つ私が見ていて感じるのは、先輩がいるうちは、先輩と反対のことは言わない、ということがありますね。ですから、この時期に、大将中将といったいわゆる将官クラスの先輩や上司がだいたい、いなくなっているんですよ。反省会に出ている中佐少佐というのは実施する現場のトップですが、やっとしゃべれる時期になった、ということではないですかね。

半藤　上のほうの新見政一(28)さんとか保科善四郎(29)さんは、偉い人たちですからね。終戦のときの最後の御前会議(30)に出たというのは、このなかでは保科善四郎さんだけでしょう。終戦時の軍務局長。それくらい偉い人ですから。本当は、もっとしゃべった方がよかったのではないですかね、海軍三賢人の一人とも言われた人ですからね。でも、あんまり反省会では話してはいなかったですね。

史料としては、反省会は内容的には、すでに研究者や一般に知られていることは当然多いですね。しかし、当人が生の声でしゃべっている、しゃべった語り口調のままの記録というのはありません。みな、文章にすると話がきれいになるんですよ。やさしくなってしまう。そういうことを乗り越えて、「あのとき、ああいうヘマをやっちゃったんだよね」というその語り口調のままの記録というのは、本当の気持ちがにじみ出ているものですか

(28)（一八八七―一九九三）36期、元中将。海軍兵学校校長、第二遣支艦隊長官など。
(29)（一八九一―一九九一）41期、元中将。「陸奥」艦長などを経て、軍務局長など。
(30)　大日本帝国憲法下で、国の重大案件決議のため、天皇出席のもと開催された最高会議。

ら。いわゆる公式的な史料を補足するのか、あるいは覆すのかはわかりませんが、そういう意味で、いままでと違う切り口の非常に重要な史料だと思います。

2　海軍という組織

木山正義元中佐「昭和八年にそれ（軍令部条例）が通るんです。軍令部の権限を強化するということになる。それはね、私はなぜ強いかと言うと、バックが違うから。バックが宮様ですもん。私はそれがね、大東亜戦争の最初の原因が、その付近から出るんじゃないかと思う。末国さん、どうですか」

末国正雄元大佐「それ（軍令部条例）を通したいために、宮様を持ってきたんだから。これ謀略ですよ」（第四回、一九八〇年）

「それはね、デリケートなんでね、予算獲得の問題がある。それが国策として決まればですよ、臨時軍事費がどーんと取れるんですから、好きな準備がどんどんできる。ですから、海軍の心理状態は非常にデリケートで、本当に日米交渉妥結したい、戦争しないで片付けたいと。しかし、海軍が意気地がないとかなんとか言われるようなことはしたくないと、ぶちあけたところを言えば」

――高田利種元少将（海軍関係者によるインタビュー、一九六一年）

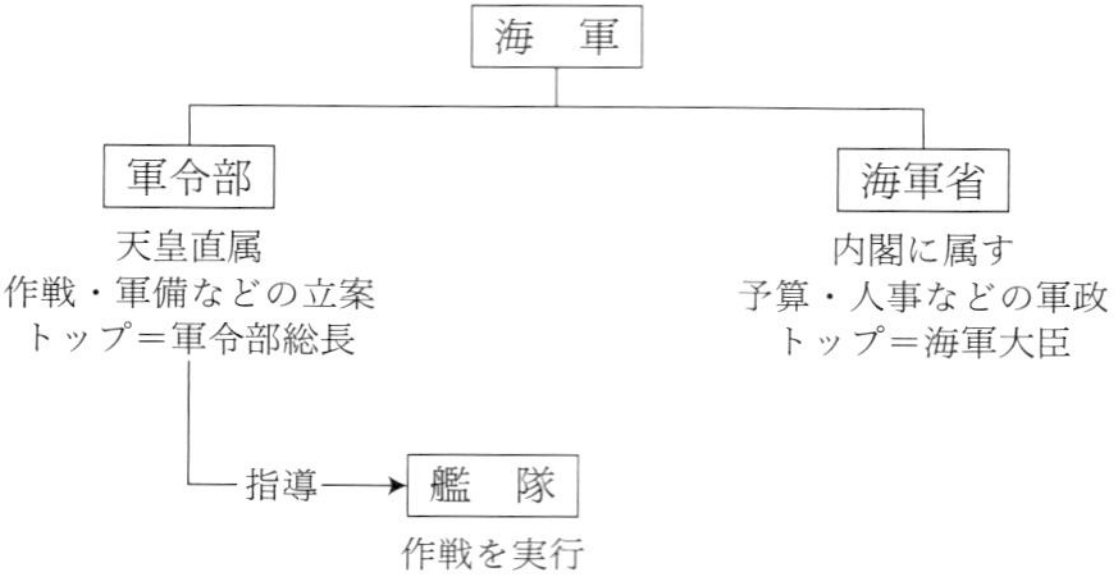
海　軍
軍令部
天皇直属
作戦・軍備などの立案
トップ＝軍令部総長
海軍省
内閣に属す
予算・人事などの軍政
トップ＝海軍大臣
指導
艦　隊
作戦を実行

海軍組織図

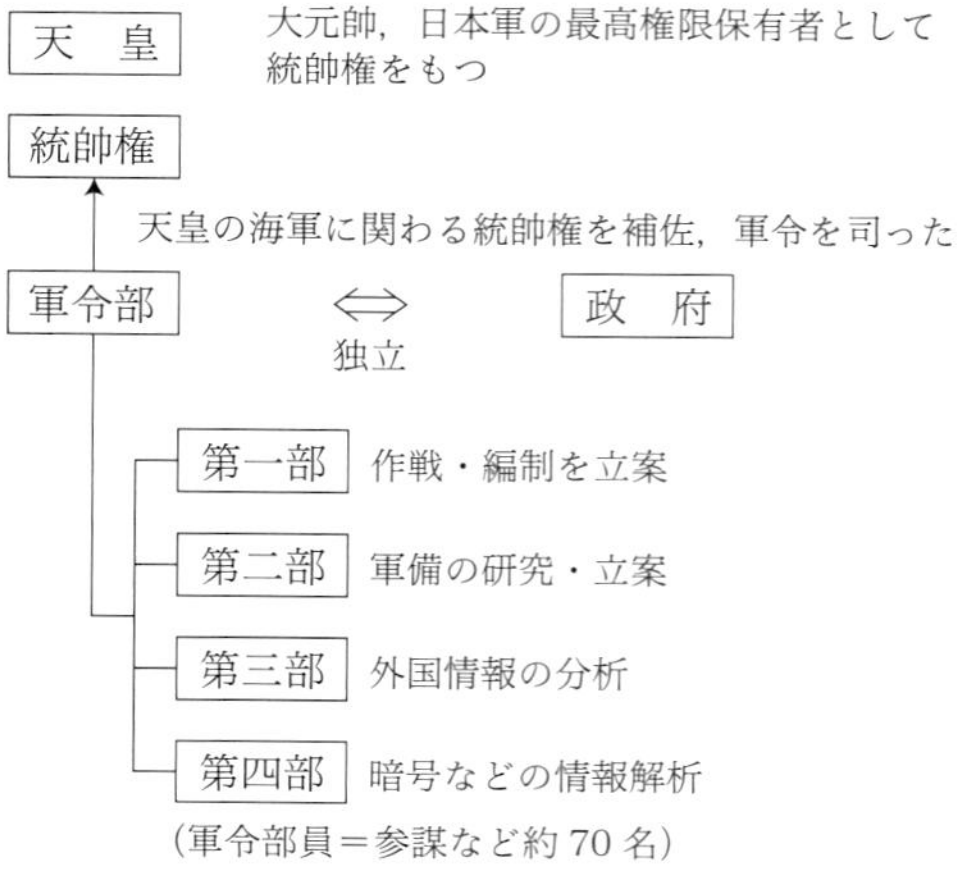
天　皇
大元帥，日本軍の最高権限保有者として
統帥権をもつ
統帥権
天皇の海軍に関わる統帥権を補佐，軍令を司った
軍令部
独立
政　府
第一部
作戦・編制を立案
第二部
軍備の研究・立案
第三部
外国情報の分析
第四部
暗号などの情報解析
（軍令部員＝参謀など約 70 名）

軍令部組織図

軍令部総長、伏見宮

澤地　海軍については、統帥部のトップ(1)を宮様にした、閥が強い、と言うけれど、そんなことを言ったら陸軍はずっと閑院宮《かんいんのみや》(2)が参謀総長(3)でしょう。

半藤　閑院宮様はお飾りですよ、本当に。ところが、伏見宮《ふしみのみや》(4)はものを言う人なんです。ものを言うだけでなく、人事に介入する人なんです。ですから、昭和五年のロンドン会議をめぐっての条約派と艦隊派の争いがあって、海軍は二つに割れた。そのまさに艦隊派の総帥が伏見宮なんです。

澤地　そこにみな逃げ込みますからね。

半藤　その下に東郷平八郎(5)元帥(6)がいる。元帥といえば、終身現役なんです。終身海軍軍人ですから、発言できる

(1)　陸軍の参謀総長と海軍の軍令部総長。作戦など軍令について、天皇を輔弼《ほひつ》(進言し全責任を負う)した。

(2)　閑院宮載仁《ことひと》親王　(一八六五—一九四五)皇族。一九一二年より陸軍大将、のち元帥、三一年より参謀総長(四〇年まで)。

(3)　陸軍参謀本部のトップ。参謀本部は天皇の陸軍に関わる統帥権を補佐、軍令を司った。

(4)　伏見宮博恭《ひろやす》王　(一八七五—一九四六)皇族。一九二二年より海軍大将、三二年より軍令部部長(のち総長。四一年まで)、元帥。

(5)　(一八四七—一九三四)大将・元帥。一九〇五年日露戦争の日本海海戦で、連合艦隊司令長官としてロシア軍に勝利。ロンドン

んですね。ですから、伏見宮と東郷さんを押し立てれば、何でもできたんです。それで、この二人のご威光のもとに、海軍のかなり優秀な、国際的にも視野が広い、よく勉強する軍政家という人たち、海軍省畑の人たち、つまり条約派の人たちなんですが、つぎつぎに首を切られます。昭和八年三月の山梨勝之進(7)さんに始まって、一番最後は昭和九年一二月に堀悌吉《ていきち》(8)さんまで、谷口尚真《なおみ》(9)、左近司政三(10)、寺島健(11)などと、次代の海軍を担うはずの軍政家がつぎつぎに首を切られるんです。これで海軍はさーっと、いわゆる良識派と称せられる人が海軍を去ってしまうんです。艦隊派の天下になって、そのトップに伏見宮が君臨する。その点は閑院宮とはだいぶ違いますね。

戸髙　伏見宮は、日露戦争(12)の日本海海戦(13)を実際に戦っているんです。実戦経験者というのは、軍人のなかでたいへんステイタスがあるんですね。だから、伏見宮は単なる宮様でない。実際に戦ったというのがまずあって、

条約に反対。

(6)　元帥府に列せられた大将の称号。元帥府は、陸海軍大将で特に功労のあった者により組織された、天皇の最高軍事顧問機関。元帥は終身大将として現役。

(7)　(一八七七—一九六七)25期、元大将。一九三三(昭和八)年より予備役(必要に応じて召集される常備兵役)、三九—四六年に学習院長。

(8)　(一八八三—一九五九)32期、元中将。一九三四(昭和九)年より予備役。三六年以降は、航空機製造会社などで社長を務めた。

(9)　(一八七〇—一九四一)19期、大将。連合艦隊司令長官、軍令部長を務め、一九三三年より予備役。

(10)　(一八七九—一九六九)28期、

それで宮様なんですから、だいたい、伏見宮をトップに持ってきた段階で、議論がなくなるんです。宮様がうんと言ったら、誰もさからえないんですから。

澤地　天皇が懸念を示しても、伏見宮のほうが押し切れるというのはどういうことなんでしょう。

半藤　海軍の場合はそうですね。陸軍のほうは、変な話ですが、閑院宮様がいてもですね、どうってことはないんです。ただ、そのために、参謀次長がよほどしっかりしないと陸軍はぐちゃぐちゃになってしまうんです。

澤地　下克上でね。

半藤　海軍では、そもそもは海軍省が断然強かったんです。ところが昭和八年に、軍令部と海軍省を対等にしようという条例(14)を決めて、それまで「軍令部長」だったのを「軍令部総長」と偉そうにして、そして伏見宮を置くわけですから、途端に海軍軍令部はものすごい偉くなるんです。結果として、海軍大臣の権威も権限も急激に

元中将。軍務局長、「長門」艦長などを務め、一九三四年より予備役。四一年に商工大臣(同年まで)、四五年に国務大臣(同年まで)。

(11)　(一八八二―一九七二)31期、元中将。軍務局長などののち、一九三四年より予備役。四一年に鉄道大臣(同年まで)兼逓信大臣(四三年まで)。

(12)　満州・朝鮮権益をめぐり、一九〇四―〇五年に日本・ロシア間で起きた戦争。日本は奉天大会戦、日本海海戦などで勝利、ポーツマス講和条約を締結。

(13)　一九〇五年五月、日本の連合艦隊が日本海対馬沖でロシアのバルチック艦隊を壊滅させた日露戦争における決戦。

(14)　一九三三(昭和八)年制定の

下がってしまった。

澤地　たとえば日中戦争(15)のはじめのころ、石原莞爾《かんじ》(16)は作戦部長として戦線は拡大はしたくないと言っていましたね。それでどうするかというと、外務省東亜局の人たちに、日中が衝突している北京の盧溝橋(17)に増援のプランが陸軍から出るけれど、外務省で葬ってくれ、と石原が頼むということがあった。あのときは、天皇の統帥権(18)のなかでも、編制権(19)はちょっと別なもので、つまり予算で抑えることはできたんでしょう？

半藤　できました。

澤地　しかし、内閣は動かずでした。海軍は、昭和八年からダメなんですか？

半藤　うーん、ダメと言っていいんじゃないですか。編制権はもともと海軍省、海軍大臣が持っていた。ところがロンドン会議のあとはその編制権も、軍令部総長の許しを得なければ動かすことはできないというふうに、

「海軍軍令部条例」と「海軍省軍令部業務互渉規程」。これにより「海軍軍令部」が「軍令部」に、「海軍軍令部長」が「軍令部総長」に改称、軍令部は兵力量計画の主導権を得て権限を拡大。

(15)　一九三七年の盧溝橋事件を契機とした日本・中国間の戦争。戦争は長期化し、四一年に太平洋戦争に発展。

(16)　(一八八九—一九四九)陸軍中将。一九三一年の満州事変首謀者。日中戦争勃発時の参謀本部作戦部長だが、日中提携による和平の方策を唱え、四一年より予備役。

(17)　盧溝橋事件。一九三七年、中国北京近郊の盧溝橋付近で、日本軍が銃撃を受けたとして中国軍を攻撃、日中戦争の発端となる。

この海軍部内の条例で決めてしまったんですから。軍令部総長は伏見宮という宮様になり、しかも、戸髙さんが言うように日露戦争を戦った勇士で、海軍の歴史やしきたりを誰よりも知っている方ですからね、その重みはものすごい。

しかも伏見宮様という人は、千早正隆さんに聞いた話ですが、格好のいい海軍軍人が好きでねぇ。スタイルのいい、背のすらっとして、いかにも見栄えのする海軍軍人が好きで、能力があるとか無能とかは関係ない。格好いいやつを自分のまわりに置きたがるんだ、と言ってましたけどね。そこに出てくるのが及川古志郎[20]や嶋田繁太郎さんとかであるわけで、兵学校同期生の山本五十六[21]に言わせれば「お目出度い嶋はん」というくらいにお目出度い人が、大臣になる。そういう意味で、伏見宮様の影響については、この反省会のなかでも言っていますよね。

戸髙　反省会で一番興味深い発言をしたのは、末国

(18)　軍隊の最高指揮権。大日本帝国憲法はこれを天皇の大権(権限)とする。発動には参謀本部・軍令部が参与。

(19)　陸海軍の部隊編制などを定める天皇の大権。

(20)　(一八八三―一九五八)31期、元大将。一九四〇―四五年に海軍大臣、軍事参議官、海軍大学校校長、軍令部総長などを歴任。嶋田繁太郎→10頁(5)

(21)　(一八八四―一九四三)32期、大将。太平洋戦争に連合艦隊司令長官として真珠湾攻撃、ミッドウエー海戦を指揮。のち、ソロモン諸島で搭乗機を撃墜され戦死。死後、元帥。

正雄(22)さんですね。末国さんは、機動部隊の参謀として最前線で激しい戦いを経験した人ですが、ご当人は、まったくの学者タイプの人でした。その末国さんから、トップに宮様を据えたこと自体が海軍の意向を示していて、これすなわち謀略である、という発言がありましたね。あれはまことにその通りだと思います。軍令部の権限強化のために、海軍大臣や総長の人事をする。

だいたい大角岑生《おおすみみねお》(23)大臣は、海軍大臣の、つまり自分の権限を小さくする条例をつくるために、海軍省に送り込まれたような人ですよ。他の海軍大臣だったら、あんな条例を認めることはないですよ。それを誰かが裏でコントロールしているんです。大角を海軍大臣に推した人間こそ、海軍暴走の犯人です。そのポジションにその人間をはめるということ自体が、意志そのものですから。そういった人事の経緯に、本当の重要さが隠れているんだと思いますね。

(22)（一九〇四—九八）52期、元大佐。第三艦隊参謀など。一九三九年より約二年間、伏見宮の副官を務める。

(23)（一八七六—一九四一）24期、大将。一九三一年海軍大臣に就任、半年後に五・一五事件で犬養毅首相が海軍将校に暗殺され、引責辞任。三三年大臣に復帰。三六年の二・二六事件後、永野修身大将に大臣を交代。

昭和天皇は、この軍令部の権限強化を非常に危ないことであると見抜いていました。勝手に満州事変(24)を起こした陸軍と同じになるのではないかと考えていて、大角にもそうはっきり言っています。そのために、条例に承認を与えるのを非常に嫌がっています。海軍大臣の大角大将が必死で、そのようなことはありません、と食い下がって天皇の印をもらっている。天皇は、東郷の意見も聞くように、とも言うのですが、東郷はとっくに艦隊派に取り込まれているので、反対しないのです。

私は、この軍令部条例が、結局のところ、日米衝突の遠因だったと思っています。制度上は、海軍大臣が予算で抑えることができるということにはなっていますが。

澤地　私はやっぱり、軍事予算をどこで決めるかということが、とても大きいと思います。二・二六事件(25)のあとの広田弘毅《こうき》(26)組閣のとき、天皇が軍の予算を認めてやれというので広田はびっくりするということがありました

(24)　一九三一年、中国奉天(瀋陽)北方の柳条湖での鉄道爆破事件を契機とする、中国東北部での日本軍の紛争。翌年満州国を樹立、日中戦争に発展。

(25)　一九三六年、陸軍皇道派の青年将校らが国家改造・統制派打倒を目指し、首相官邸などを襲撃したクーデター未遂事件。

(26)　(一八七八―一九四八)一九三三―三六年に外務大臣を歴任。二・二六事件後、翌三七年まで首相、同年外務大臣(三八年まで)。日中戦争では対中強硬策をとる。

けれど。

半藤　巨大な軍事予算を陸軍と海軍で分けます。分けたあとは、それぞれ勝手にやるわけですが、海軍でその権限をものすごく強く持ったのは軍令部です。そしてそのトップに立つのが伏見宮様ということです。陸軍では昔から参謀総長で、海軍はあとから陸軍並みに直したんですね。陸軍はそこに閑院宮様を据えたわけなので、海軍は、陸軍に負けるもんか、とポジションを軍令部総長と名前を変えて、しかも同じ宮様である伏見宮様を置いた。

これは、大井さんの言うように、謀略と言えば謀略ですよね。なんであんなことしたんだと思いますね。宮様をトップにおけばもう動かせないじゃないですか。それで、伏見宮様に嫌われた提督たちはみんな、中央から追いだされてしまう。

戸髙　昭和五年のロンドン会議以降、海軍は分裂しますね。条約で負けた艦隊派の巻き返し工作ということがあるかもしれませんね、末次信正(27)とか加藤寛治(28)あたりの。加藤さんは、昭和天皇に嫌われて途中から、表からは引きますよね。でも、末次さんはずっと残ります。

半藤　加藤さんはとにかく本当に格好よかったらしいです。発言はしっかりしているし、みなが惚れ惚れする提督だったらしいですよ。末次さんも格好よかった。

――海軍反省会で一番最初にこの問題について口火を切ったのは、野元為輝さんでした。ある程度時間が経っているとはいえ、元軍人がこれを議題にのぼらせるのは相当覚悟がいることなのではないですか？

半藤　野元さんは、その反省会のメンバーの顔をよく見て、これならいいかなと思ったんでしょう。とにかく宮様ですから、まぁ、勇気のいることでしょうね。

(27)（一八八〇―一九四四）27期、大将。一九三三年より連合艦隊司令長官、三七年内務大臣（三九年まで）。

(28)（一八七〇―一九三九）18期、大将。一九三〇年ロンドン条約に反対し、軍令部長辞任。

野元為輝→6頁(2)

開戦前の日本をめぐる国際情勢

――反省会でも、艦隊派や伏見宮の話、組織の問題点についてて挙げられていますが、当時軍縮条約の流れになっているときに、それとは反対のほうに引っぱっていこうという論理はどういったものだったのでしょうか。

澤地　そもそもなぜ、日本海軍は仮想敵国をアメリカとしたんでしょうか。

半藤　日露戦争が終わったあと、日本帝国は大躍進して強国の仲間入りをしました。では、このあとどういう軍備を整えていくか、明治四二年に決めたのです。本当は資源もないし、国力もないし、人間の数だって少ない、生産力も劣っている、強国でも一流国でもない。でも、意識としては一等国。その一等国としての軍備をどう整えていくか問題になったときに、明治天皇の前で陸軍は、ロシアを仮想敵国として軍備を整えると決めました。

それともう一つの要素を加えれば、第一次世界大戦(29)に日本は、実際には大した戦闘に参加しませんでしたが参戦し、同盟国のイギリスの要請に基づいて、地中海まで艦隊を出しました。そのときの日本海軍に対するイギリスの扱い方が、どうもよくなかったようですね。日本を小僧っ子扱いした。自分たちの思いからすると、イギリスにはうまく上手に使われちゃった、という感じだったようです。アングロサクソンに対して不信感が生まれた。

澤地　山口多聞《たもん》(30)も、地中海で駆逐艦(31)に乗っていました。でもイギリスにしてみれば、日本が参戦してくることはないのに、何か火事場泥棒みたいな感じがしたのではないですか。

戸高　最初は、日本政府は海軍の派遣にあまり乗り気じゃなかったんですよ。イギリスから艦隊派遣要請を受

(29)　三国同盟(独・墺・伊)と三国協商(英・仏・露)の対立を背景に一九一四年勃発。日本は日英同盟により参戦。一八年ドイツが降伏、翌年ヴェルサイユ条約締結。

(30)　(一八九二―一九四二)40期、中将。連合艦隊兼第一艦隊参謀、「伊勢」艦長、第一連合航空隊司令官などを経て、第二航空戦隊司令官。ミッドウェー海戦で戦死。

(31)　魚雷を主要兵器に敵の艦船を撃破する任務の小型快速艦。

けているんですが、かなり拒んでいる。最後には、これはやむを得ないということになって、最低限の艦隊を出したんです。

澤地　それで戦死者は出していないんですか？

戸髙　かなり出ていますよ。いまでも地中海のマルタ島には、海軍が派遣した第二特務艦隊の戦死者の碑があります。駆逐艦「榊《さかき》」が敵の潜水艦の魚雷で、艦首を切断するような瀕死の大被害を受けたんです。ですからそういう意味で、日本側としてはかなり頑張ったのにあまり評価がされなかった。そういうような意識はありました。

それと、アメリカが日英同盟を嫌うんですね。マハン(32)などは、代表作の『海軍戦略』などで、日本とアメリカが衝突したらイギリスはどういう態度をとるのか、と、露骨に不信感を表しています。同盟関係とはそういうものなんですね。それでアメリカは、日英同盟を破棄させ

(32)　Alfred Thayer Mahan（一八四〇―一九一四）米国海軍少将、歴史家、戦略研究者。主著に、海洋戦略の古典『海上権力史論』、『海軍戦略』（『マハン海軍戦略』中央公論新社、二〇〇五など）。

ようという運動をしたわけです。そういったことが重なって、日英同盟がなくなってしまう。日英同盟を破棄したあとの日本は、最も重要だった欧米との外交のパイプを失い、本当に世界から孤立してゆくことになりました。

半藤　大正一一年のワシントン軍縮会議(33)での条約調印と同時に、アメリカの裏工作が効いて、日英同盟は破棄された。その途端にイギリスは日本を、敵と言わないが、小馬鹿にしはじめる。それまで日本人のイギリスへの留学があったのを全部シャットアウトするとか、イギリスの態度が、海軍からすれば許し難いほうに変わっていく。ですから昭和になって、海軍軍人のなかで反英感情がどんどんわいてきます。当初アメリカに対しては、仮想敵国と言っていましたが、それほど強い反米感情はなかったと思いますね。しかし、イギリスとアメリカはのべつくっついていますから、いつの間にか、反英感情が反米感情になり、戦争が始まる直前には、「反米英」と「米」

(33)　第一次世界大戦後の一九二一―二二(大正一〇―一一)年に開かれた国際会議。ここで締結されたワシントン海軍軍縮条約により、英・米・仏・伊・日の海軍主力艦の制限が決定(英・米・日間の艦艇保有比率は一〇・一〇・六)。ほかに、太平洋上の各国領土権益を保障した四カ国条約、中国の領土保全・門戸開放を求める九カ国条約が締結された。

が上に来てしまった、というふうに変わるんです。

そういう大きな国際情勢の流れのなかで、日本海軍は何となく取り残されていった、ということがあったのですね。しかもワシントン軍縮会議があって、英米日の主力艦の保有が一〇・一〇・六という比率に決められた。これは許し難いことである、というのが海軍のなかに出てくるんですよ。クラウゼヴィッツ(34)の『戦争論』などに書かれているんですが、防備艦隊、すなわち防備するほうはどうしても、攻撃するほうの七割の兵力が必要である、と。みなそれを信じていますから、七割はどうしても必要であるのに、無理矢理六割に減らされたということでしたから。

アメリカの世界戦略に乗せられて、日本が英米にあごで使われるようになる。これは許し難い。海軍の主流は対米強硬派と称せられる艦隊派ですから、日本は独自の戦略をもって世界に乗り出していくべきだという感情が

(34) Karl von Clausewitz(一七八〇―一八三一)プロイセンの軍人、軍事理論家。主著に、近代戦争と軍事理論の古典『戦争論』(岩波文庫など)。

あるわけです。そして新興のナチス・ドイツに傾斜していった。でもどうして、日本海軍がこんなにドイツを信奉するようになったのかがわからなくて、ずいぶん、この反省会に出ている人たちに聞いたんです。

それで、あるとき千早正隆さんが、それはおまえ簡単だよ。ドイツに行って大歓待を受けて女を抱かせられたんだ、と。つまり、〝ハニイ・トラップ〟、ナチス・ドイツの宣伝戦に乗ってしまって、軍人さんはいい思いをして帰ってきた。だから親独になっちゃった。千早さんが亡くなる寸前くらいにぽつんと言いましたよ。それを聞いたんでしめたっと、何人かに確認しましたら、うーん、そういう面もあるかなあ、なんて。

第一委員会の問題

――海軍のなかには明治四二年以降の流れ、いわば鬱積したものがあって、そこに伏見宮が来て、長年総長の立場にあって流れを決定づけた。それがどのように、一二月八日の開戦に結びついていくのでしょうか。反省会で挙げられているのは、第一委員会(35)です。第一委員会の問題点とはなんだったのでしょうか。

戸髙　問題点というよりも、第一委員会というものをつくったこと自体が、対米衝突を見込んだ準備に近いものだ、ということがありますね。第一委員会の動きそのものもそうです。それに亡くなりましたが、富岡定俊(36)さんという、最後には軍令部の作戦部長だった人ですけれど、この人の晩年のインタビューのなかで、第一委員会は最初から対米戦争ありきなので、そこにたとえば石川信吾(37)のような人間を連れていったということ自体が、その委員会の方向を決めていったんだ、というような発言がありました。つまり、日米問題以前に、第一委員会をつくろうと思った時点で、海軍のどこかの部署で対米衝

(35)　海軍国防政策委員会・第一委員会。一九四〇年に、軍令部と海軍省の課長級により組織された「国家総力戦準備の完整」のための「神経中枢機関」。主要メンバーは、富岡定俊大佐(軍令部作戦課長)、大野竹二大佐(軍令部戦争指導班)、高田利種大佐(海軍省軍務局第一課長)、石川信吾大佐(同第二課長)のほか、幹事として藤井茂中佐(同第二課)、柴勝男中佐(同)、小野田捨次郎中佐(軍令部第一部直属部員)(階級はいずれも当時)。

(36)　(一八九七—一九七〇)45期、元少将。第二艦隊参謀、軍令部作戦課長、「大淀」艦長などを経て、軍令部第一部長。

(37)　(一八九四—一九六四)42期、

突を覚悟したというところはあるんだ、ということですね。その考えをオーソライズするために、委員会という形をとったということです。

半藤　伏見宮さんをいつまでも軍令部総長に担いでいては、対米戦争や対英戦争になったら、皇室に責任が及ぶことになる。だから、伏見宮に代わる人物を総長につけたほうがいい。弱体化するがそうせねばならない、という要請がいっぽうにあったと思いますね。その際に、それでなくても海軍はどうも陸軍に押しまくられているし、アメリカと戦争をするときは陸軍でなく海軍ですから、海軍としてのしっかりした対米戦略を考えたほうがいいのでは、ということになった。

それで昭和一五年一二月に、第一委員会、第二委員会、第三委員会、第四委員会の四つの委員会を、あわせて海軍国防政策委員会といった大きなものをつくったんです。とくに、そのうちの第一委員会が海軍戦略を考える大事

元少将。一九三一年軍令部在職時に、米国との対抗上満蒙の重大性を説いた『日本之危機』(森山書店)を大谷隼人の筆名で出版。南西方面艦隊参謀副長、第二三航空戦隊司令官など。

な委員会だったんですね。そしてここには、戸髙さんが言うように石川信吾さんのような、本当に対米英強硬派ばかりが集まったんです。

澤地　石川信吾という人は、「第一委員会に石川信吾あり」と言われていて、私も早くから知っていましたね。

半藤　そうなんですね。この海軍きっての政治的軍人を海軍中央に引っぱってきたのが悪かった。彼らはその第一委員会で、対米英戦へと決定的な形で議論を引っぱっていった。宮様を傷つけるわけにいかないから、宮様には退いてもらって、誰かを代わりに旗振り役にさせる。旗振り役に誰がなってもいいように、後ろで海軍戦略をしっかり固めておこうということなんじゃないか、ということなんです。

ただ、陸軍の人がしきりに言うので、私もずいぶん前から知っていたのでかなり取材をしたんですが、なかなか海軍の人たちは答えてくれなかったですよ。富岡さんも、いまの戸高君の話は最晩年、死ぬ直前に言っている話で、まだ元気なころは何も答えてくれなかった。

高木惣吉(38)さんという、戦後の海軍を代表するような良識派の人がいるんですが、その高木さんに第一委員会について聞いたときには、「そんなものは力ないよ、たいしたことない」と言下に否定するんですね。そんなはずないじゃないですか。あとで名簿を見てわかったのですが、要するに、高木さんは第一委員会ではなくて第三委員会(国民指導)ですけれど、国防政策委員会の一員でもあった。つまり仲間なんだなと思った。「第一委員会？　そんなものが海軍の戦略を決めたわけじゃない。半藤くんが考えすぎだよ」と、全然認めてもらえませんでした。

戸高　いまおっしゃられた第一委員会ですが、海軍には伝統的に、本当に責任を負うような立場には皇族士官を置かないという原則がありますから、対米戦を覚悟した段階で伏見宮を代えますよね。そして「宮様がこう言

(38)（一八九三―一九七九）43期、元少将。海軍大学校教官、海軍省官房調査課長などを経て、海軍省教育局長。海軍部外の各方面から人材を得て、懇談会や研究会を組織、また、終戦工作に従事した。

った」という既成事実をつくってしまう。それを第一委員会に与えて、それ以降は、第一委員会が「うん」と言った、ということですべてが通るんですよね。それは、第一委員会そのものが宮様の替え玉なんだということです。

半藤　しかも、その当時のエースが集まっています。構成員七人のなかに、海大卒業の恩賜の軍刀組(39)が三人もいた。ほかも優等卒業の俊秀ばかりです。しかも全部、対米強硬派、親独派と言っていいと思います。

軍事予算と軍備計画

澤地　全体の空気はね、昭和一四年にヨーロッパで第二次世界大戦(40)が始まって、一年間はあまり戦局が動かないけれど、そのうちに破竹の進撃になっていって、ドイツがすぐに勝つと日本は思うわけですよ。それで、ドイ

(39)　海軍大学校で、成績優秀な卒業生に授与される軍刀。

(40)　枢軸国(日・独・伊)と連合国(米・英・仏・ソなど)間の戦争。一九三九(昭和一四)年ドイツのポーランド進攻に対し、英仏が宣戦し勃発。四一年日本が対米戦争を開始、四五年日本の降伏により終了。

ツが勝ったときの戦後の分け前、ということを軍人は考えたと思うんです。自分の力で取るのもよくないけれど、分け前のことを考えるのはイヤだと私は思っていますが、このヨーロッパの戦局に、かなりみなが心理的な影響を受けている。流行った言葉が「バスに乗り遅れるな」(41)でしょう。それで第一委員会が強硬意見で押し切っても、それにやっぱりくっついて行ったほうが全体としてうまくいくかもしれないという、非常に日和見的なわけですが、その世界情勢に対する判断を間違えましたね。

半藤　間違えました。まぁ、ここでちょっと考えなければいけないのは、海軍は、陸軍と比べたら所帯が小さいんですよ。だから、海軍は陸軍につねに押しまくられてしまうんです。

澤地　ゾウとネズミくらい？

戸高　本当に、単純に人数で見れば、七倍は違いますね。しかし実際は、一〇倍くらいの差ではないですか。

(41)　第二次世界大戦が拡大するなかナチス・ドイツにならい、一九四〇年近衛文麿らが提唱した、総力戦体制樹立を目指す新体制運動において使われたスローガン。

しかも、軍艦の建造や艦隊の維持費が莫大なので、その一〇倍の所帯の陸軍と同じ予算が必要になる。

澤地　ですけど、特別会計の臨時軍事費について、反省会でそれまで発言しなかった人がぽろっと言ったというなかに出てきたじゃないですか。昭和一二年七月七日の盧溝橋事件から和平調印まで、年度単位でなくて一つの会計年度になっていた。もう、取り放題ですよ。会計が、国家予算がきちんと一年単位で集計できているのは、昭和二〇年は敗戦ですから、一九年までしかないですよね。つまり、日中戦争に使うのではなくて、次の戦争のために、準備するために膨大な軍事費を使っている。昭和一九年の歳出のうちの八割五分くらいが軍事費ですから、民需というのはないんじゃないですか。

半藤　戸高さんがいま呉市の大和ミュージアム(42)の館長をやっていますが、戦艦「大和」(43)が起工されるのが昭和一二年です。軍事予算では、海軍の目論見からすれば、

(42)　呉市海事歴史科学館。二〇〇五年開館。呉の歴史を中心に、海軍と技術の歴史を展示。

(43)　一九四一年、呉海軍工廠(海軍直轄の工場)で極秘裏に建造された世界最大の戦艦。四五年沖縄特攻作戦に向かう途上、米軍の攻撃を受け沈没。

「大和」型巨大戦艦を四隻つくるつもりでした。四隻つくって第一艦隊として乗り出していけば敵なし、という考え方です。四隻ですから、莫大な予算がいりますよね。それを始めたわけですよ。

戸高　半藤さんに、「大和」の建造費のことを言われると、立場上すこしつらいですね(笑)。まあ、陸海軍は等分折半ということでケリをつけるんですよ。それに臨時軍事費は、いま言われたように、一つの戦争単位ですからね。政府が太平洋戦争を始めた直後に、「支那事変を含めて、大東亜戦争と呼称する」と発表するのですが、これも、支那事変以来の特別会計をそのまま継続させるためではないかと、私は思っています。とにかく、いつ終わるかわからない戦争の、いったいいくら掛かるかわからない経費を、戦争が終わってから清算すればいいですよ、というのだから無茶です。だいたい、戦争が終わったとき勝っているかどうか保証もないのに。まあ、負けたら踏み倒すわけですが。

半藤　澤地さんがおっしゃるとおり、残念ながら、軍事予算を国家予算の八割くらいドンともらってきて、海軍と陸軍が取りっこして喧嘩する。最初は六対四くらい、四割が海軍です。所帯は一〇分の一だけれど、四割というのは、なにせ軍艦をつくるのはお金が掛かりますから。そういうものをつくるために、頑張るためにも、宮様が必要なんですよ。

戸髙　しかも「大和」のプランをスタートさせたのは、昭和九年なんですよね。ちょうどそのとき、反省会のメンバーだった松田千秋[44]さんが軍令部にいて、膨大な軍備計画を立てていました。それで当人は、それがうまくいったのは自分の功績だと最後まで思っています。自分がプランを立てた「大和」に、竣工してから二代目の艦長として乗り込むんです。直接松田さんにお話を聞いたのですけど、「大和」に着任したときは、非常に誇らしい

(44)（一八九六―一九九五）44期、元少将。「日向」「大和」艦長などを経て、軍令部第一部出仕、第四航空戦隊司令官など。

気持ちだったようですね。

海軍の作戦構想

――反省会でも言われていた、ロングスタンディングがなかったという軍令部ですが、なぜこの組織のなかで、そうした失敗や躓きが起きるのでしょうか。

澤地　私はこの番組を三度見て、それから、離れて考えてみた。軍人さんは戦争を知らないんだな、と思いましたね。戦うことを知らない。シロウトが言うのはおかしいけれど、この人たちは戦争をしたことがないんです。実戦体験がないですよね。昭和の初年から陸軍は戦闘をやっているけれど、海軍の連合艦隊が堂々と出ていく戦争は、日露戦争くらいでしょう。

半藤　実際に日本海海戦を体験しているのは、連合艦隊司令長官山本五十六、それから、伏見宮のあとの軍令部総長永野修身(45)、海軍大臣及川古志郎で、ほかには何人もいないんですよね。あとは皆、まさしく実戦的にはシロウトです。

澤地　悪いけれど、この人たち戦争の仕方を知らない人たちだな、って私は思いましたね。

戸高　日中戦争で、連合艦隊は一万トンの巡洋艦(46)をもって中国沿岸に行くんですよ。相手は小さなジャンクですからね、勝つも負けるもない、行けば敵は逃げる。そんな状況で、負けるなんて意識も浮かばない状況で、海軍は上から下まで、無敵海軍の意識だけが際限なく膨らんでゆくんです。

澤地　戦争をしたこともないのに、相手をいつもいつも下に見て計算をするというのは、どういう思考の形ですかね。

半藤　いまでも通じているんですよ。軍人というのは、常に過去の戦《いくさ》を戦うんですよ。

(45)　(一八八〇—一九四七)28期、元大将・元帥。一九三五年ロンドン海軍軍縮会議全権。三六年海軍大臣ののち翌年連合艦隊司令長官(同年まで)、四一年軍令部総長(四四年まで)。

(46)　戦艦と駆逐艦の中間規模となる軍艦。

澤地　日露戦争の戦訓(47)でいいのですね。レーダーと飛行機の時代なのに。

半藤　そういうふうに思ったほうがいいんです。それは、軍人さんというのはどうも、教育からしてそうなんです。過去の戦を戦う。アメリカと戦っても、遠くから来攻してくるアメリカの艦隊を迎え撃って、日本近海まで呼び寄せて艦隊決戦をやって、戦艦「大和」以下の、大巨砲を装備した四隻が乗り出していって撃ち沈める、と。これね、遠くからやってきたバルチック艦隊(48)を迎え撃った日本海海戦なんですよ。

澤地　自分たちはぜんぜん傷つかない。相手だけが沈んでね。そんな戦争ないでしょう？

半藤　明治以来、と言ってもいいと思いますが、そういった形でしか戦闘の型を決めていないんです。

澤地　戦訓がないんですね。

半藤　ない、というか、大勝利のそれはあるんですけ

(47)　実際の戦闘から得た教訓。

(48)　バルト海艦隊。ロシアの主要艦隊で、日露戦争の日本海海戦で敗北。

ど。勝利の〝神話〟はある。

戸高　昭和一九年でもその通りなんです。山本長官が亡くなって、古賀峯一(49)長官が来ます。その古賀さんの参謀長が福留繁(50)さんですが、反省会メンバーの中島親孝(51)さんは参謀だったんです。それで一番おかしかったのは、私が中島さんに、古賀司令部はどんな空気だったのですか、と聞いたら、「私が参謀をやっていて、長官と参謀長がこんなに息がピッタリと合っていた司令部は初めてだった」と言うんですよ。どういうところが息が合っているんですか、と聞いたら、「両方とも、揃って頭が古い」と。もう昭和一九年になっても日本海海戦を夢想していたと、言っていました。

半藤　古賀さんという人はどちらかというと、米内光政(52)、山本五十六、井上成美《しげよし》(53)の〝海軍三羽がらす〟の系統に入っているんですよ。しかも堀悌吉さんとも仲のいい、手紙ものべつ交換しているような、そういう提督の

(49)（一八八五—一九四四）34期、大将。第二艦隊司令長官などを経て、一九四三年連合艦隊司令長官、翌年殉職。連合艦隊司令長官は三九—四五年の間、山本五十六、古賀峯一、豊田副武、小澤治三郎が務めた。

(50)（一八九一—一九七一）40期、元中将。連合艦隊兼第一艦隊参謀長、軍令部第一部長などのち、一九四三年再び連合艦隊参謀長。翌年、古賀峯一長官搭乗機が墜落した海軍乙事件の際に、米軍が指揮するフィリピン・セブ島のゲリラ隊により捕虜となる。救助後、第二航空艦隊長官などを歴任。

(51)（一九〇五—九二）54期、元中佐。軍令部員、第三艦隊通信参謀を経て、連合艦隊通信参謀、の

はずなんですね。その方が、山本さんが死んだあと連合艦隊司令長官になって、山本さんがしたような航空戦のことなんて考えないような、大艦巨砲による艦隊決戦を考える。あんなに開明的だと言われていた人が、やはり、いざとなると日本海海戦になっちゃうんだ。

戸髙　古賀さんは、戦争前から海軍の戦術家として一目置かれていました。古賀さんの作戦構想が、海軍の伝統的決戦志向なんですよ。

軍令部が一番困っていたのは、山本さんが軍令部の言うことを何も聞かないということ。山本さんには、軍令部の意向と違うハワイ作戦(54)をやられて、それがたまたまうまく成功したために、いよいよ言うことを聞かなくなる。ミッドウェー作戦も、軍令部は大反対ですが、連合艦隊に押し切られて、ここでも軍令部の抑えが利かなかった。軍令部としては、自分の指揮下にあるはずの連合艦隊が、山本さんがいるために言うことを聞かない。そ

ち海軍総隊参謀を兼務。
(52)（一八八〇―一九四八）29期、元大将。一九三六年連合艦隊司令長官。三七―三九年に海軍大臣、四〇年総理大臣に就任、半年で辞職。再び四四―四五年に海軍大臣に就任。山本五十六、井上成美らと、日米戦争回避のために三国同盟などに反対。
(53)（一八八九―一九七五）37期、元大将。条約派として日独伊三国同盟に反対。第四艦隊司令長官などを経て、一九四二年海軍兵学校校長。四四年米内海軍大臣のもと海軍次官、翌年軍事参議官となり、終戦工作に従事。
(54)　山本は、日米開戦決定の場合、開戦当初に米艦隊主力をハワイで撃滅するほか、ミッドウェー

れが山本さんが亡くなったのでこれ幸いと、作戦的には軍令部の考えをもった人間を長官に据えるんです。そして、参謀長には、軍令部の作戦部長だった福留を送り込んだのですから、軍令部は、これで連合艦隊は言うことを聞くようになるだろうと思ったのではないでしょうか。

半藤　その福留参謀長が上手に古賀長官をリードする。

澤地　そして今度は、スタッフ全員、頭が古い人に入れ替える。

半藤　山本さんの連合艦隊司令部の参謀は全部、飛ばされますからね。元通りになってしまったんですよ。それが昭和一八年のことですからね、情けない話ですよ。

の攻略など、積極作戦が必要と考えていた。一方軍令部は、日本近海で米艦隊を待ち受けて決戦をする伝統的作戦計画をもち、山本と対立。しかし山本の両作戦に、軍令部は山本を抑え切れず実施に同意、ハワイ作戦(真珠湾攻撃)は成功したが、ミッドウェー作戦は惨敗した。↓10頁(8)

3　海軍はなぜ過ったのか

大井篤元大佐「あなたは戦勝《いくさ》つと思ったですか」
佐薙毅《さだむ》元大佐「それはわからないですよ」
大井元大佐「しかしね、勝つとは思わないでしょ」
佐薙元大佐「勝つつもりでやっているわけですよ」(笑)
大井元大佐「いやいやしかしね、勝つならばね、勝つならば、私賛成だと、こういうことですよ、戦は」
佐薙元大佐「開戦はね、不可避という状況だったんですね」(第一〇回、一九八一年)

「軍令部の一課の定員は、平時定員のままなんです。平時定員のままで戦争で忙しくなって、特に陸軍との折衝が頻繁にあると。それから、作戦部隊との交渉、そのほかもいろいろあると。あるいは戦地へ出張もあると」——佐薙毅元大佐(第七二回、一九八五年)

1940(昭和 15)年 10 月 4 日，比叡艦上にて，海軍特別大演習時の中央統監部審判官．前列左から 2 人目以降，宇垣纒軍令部第一部長，近藤信竹軍令部次長，伏見宮軍令部総長．後列左から 2 人目以降，中島親孝軍令部員，末国正雄伏見宮副官．

長期展望の欠如

――戦争が始まる経緯について、反省会で新しいところはありましたか。

澤地　おかしかったのは、「勝てると思ったんです、あはは」と笑っていること。そんなに簡単に言ってもらっては困る、と私は思いましたね。

戸髙　全体の流れとして、戦略的にはまったく長期展望がない、というところですね。軍備計画としては、予算の手当をしなければならないので、昭和二五、二六年くらい先までの軍備計画を立てているんです。ですから、兵器だけは先に手当をしておきながら、それを使う国家を守る戦略がさっぱりない、というチグハグな状況です。それがピークに達していたのが、昭和一五、一六年です。

半藤　対米作戦をするとき、どういう形でやるかという最新の海戦要務令(1)が必要だったんですが、なんと、それがなくて、昭和九年の海戦要務令(第四回改正)のまま戦うんですよ。明治以来、それまでは何遍も改正していたんです。昭和九年までできて軍縮を解き放すと、ワシントン条約、ロンドン会議からさっさと脱退(2)して、自由な構想の下の海戦要務令をつくるわけです。その根本は、明治以来の迎撃漸減(3)の艦隊決戦です。そのあとの昭和一〇年代には潜水艦と飛行機が登場します。潜水艦については少しありましたけれど、これだって昭和九年時よりははるかに強力になっているわけです。飛行機も出てきたというのに、それはまったく入っていないんですよ。いや、入っていても補助程度です。

戸高　海戦要務令の改正作業はやっていたのですが、間に合わないうちに開戦になってしまうんですね。断片的な改正作業の資料が残っています。

(1)　一九〇一年制定。海軍の戦闘指揮にかかわる兵術の基準を示したもの。三四年までに四回改正された。

(2)　一九三四(昭和九)年日本は、ワシントン、ロンドン両条約による新艦建造制限の三六年末での終結を通告。

(3)　漸減邀撃《ようげき》作戦、漸減迎撃作戦とも。敵艦隊を潜水艦などで攻撃し、徐々に戦力を弱めさせつつ日本近海に引き寄せ、そこで大艦隊が迎え撃って敵を破る戦法。

半藤　昭和九年度版は当然直さないといけなかったんです。飛行機と潜水艦を主力に考えてつくり直すべきで、少しずつ敵艦隊の数を減らしてのち、大艦巨砲の艦隊決戦なんてありえないと思ったほうがよかったのに、残念ながら、思わない人が多かったんですね。

澤地　勝っている側と負けている側の違いだと思いますけど。たとえば、レイテ島(4)とか沖縄の戦闘がそうですが、ある朝起きると、見える限りの海面にアメリカの軍艦がいる。米軍が何をするかというと、艦砲射撃(5)です。まず猛烈な爆撃をやって、叩いて叩いて、というのはどこもそう。四〇〇人しか日本兵がいないミンドロ島(6)に、アメリカの艦船が四〇隻も来た。日本軍の命令は、米軍が攻めてきたら山へ入れ、というものでした。この間ミンドロ島に行って見てきましたが、山までいくらの距離もないです。

(4)　フィリピン中部の島。一九四四年一〇月、海戦史上最大の激戦、レイテ沖海戦で日本連合艦隊は事実上壊滅。続くレイテ島の戦いでは、補給を絶たれた日本軍は壊滅的打撃を被った。

(5)　軍艦に搭載された大砲で、艦船や航空機あるいは陸上の目標を射撃すること。

(6)　フィリピン中部の島。ここでも日本兵は補給のないまま、米軍のほか地元ゲリラとも戦い、多数が戦死。飢餓や疫病でも多くの兵士が死亡。

――海戦要務令は一つのドクトリンだと思いますが、反省会の発言にあった、軍令部が平時定員のままやっているというのは、明らかに平時と違う状況に突入したときに、どうしてこういうことがおきたのでしょうか。

澤地　タカをくっているということではないかと、私は思いました。大本営[7]をつくっただけです。日清戦争のときは明治天皇自らが広島へ行く、陣頭指揮としての大本営だった。その名前は継いだけれど、ということです。エリートのシロウト集団が戦争をやったんだな、と思わざるを得ないですよね。

戸髙　過去の戦争を戦っている、というのはまことにその通りで、日露戦争のころの戦争は、手持ちの、始めたときの戦力で、終戦まで基本的に頑張るんです。それでなんとかなるんですね。太平洋戦争は、平時定員のまま行ってしまって、これが消耗するうちに一定の結論が出るんじゃないかという、根拠のない願望のようなもの

(7)　戦時や事変時に設置された天皇直属の最高統帥機関。日清戦争時には、広島に大本営が設置されていた。

がスタートのときにあったのではないですかね。結局、とてもそれではいかん、ということで途中から急に増員したりするんですけれど、もうぜんぜん間に合わなかった。だいたい日本海軍は、日本近海での決戦を見込んでいたから、広大な太平洋で作戦するなんて考えていなかったんですよ。

半藤　第一次世界大戦のあと、戦争の近代戦、国家総力戦(8)ということは世界的に言われていて、日本だって知っていたんですね。ところが、総力戦とは何かということを、しっかりと研究した人がいなかったんじゃないですか。

澤地　陸軍では永田鉄山(9)がいて、総力戦の資料を残した。しかし、彼は昭和一〇年に殺されてしまいます。あとを継いで、その重要性に気づいた人はいないんですね。永田鉄山好き嫌いの問題ではないのです。

半藤　海軍にはいないんですね。戸髙さんが言うよう

(8)　武力だけでなく産業、経済、思想、文化など国家の各分野の総力の動員が要請される現代的戦争の形態。一元的戦争指導体制を伴う。

(9)　(一八八四―一九三五)陸軍中将。統制派の中心として国家総動員体制の基礎をつくる。一九三四年軍務局長となるが、翌年(昭和一〇)皇道派の相沢三郎中佐により殺害。

に、持っている兵力だけで戦えるというのは、それは総力戦ではないんです。どんどん兵力を投入して飛行機をつくってと、そうやって拡大していくのが総力戦だという、その頭がなかったんです。戦場ばかりが戦争じゃない、銃後も戦場だと言いはじめたのは昭和一八年。当時中学一年生の私も、あぁ俺たちもいよいよ戦場なんだ、と子供心に思った。それでやりだしたら途端に勤労動員(10)、学徒出陣(11)ですから。

戸髙　遅いんですよね。アメリカは日米開戦の前から準備していましたけれど、日本も予備学生(12)や大学生を兵隊として使おう、と考えたのは昭和一八年ですから。まったく緊張感がないままスタートしているということです。

澤地　予備学生制度はアメリカの真似をしたけれど、アメリカの若者はだいたい、兵隊になる前に自動車の運転くらいはできているから、適応が早いんですね。だか

(10)　戦時下、法令に基づき強制的に行われる労働力の動員。日本では戦線拡大による労働力不足を補うため、一九三八年には文部省により学生の勤労奉仕が義務づけられた。

(11)　兵員不足の深刻化により、一九四三年学生の徴兵猶予を停止、軍隊に徴集・出征させた措置。

(12)　海軍予備学生。一九三四年に航空機搭乗士官養成のために発足したが、日米開戦後は兵科、整備科などにも拡大された。

ら、ミッドウェー海戦の戦死者の経歴を見ると、操縦歴一年未満なんて人がたくさん死んでいます。ベテランも死んでいますけれどね。

――総力戦体制とか、国家体制としての哲学、戦場に人を出して現場をどう見るか、という哲学があったのだろうかと思います。ミッドウェー海戦を開始する時期をめぐって、もう少し待ってくれ、という準備ができないとか。

澤地　でも一カ月延ばしても、あれでは同じですね。珊瑚海海戦(13)をやって帰ってきたところで、空母「加賀」(14)は別だけれど、乗組員が疲れているから休ませてやりたいと艦隊側は言いますが、そもそも、作戦を遂行する連合艦隊司令部の首脳は、戦争をできるような頭になっていない。

半藤　出撃の直前に人事異動をやっているんですよ。

(13)　オーストラリア北東の海洋、珊瑚海で一九四二年五月に行われた日米の海戦。史上初の、航空母艦同士の海戦となった。
(14)　航空母艦。ワシントン海軍軍縮条約により、戦艦「加賀」を航空母艦に改造。日本の主力空母として真珠湾攻撃に参加、一九四二年ミッドウェー海戦で沈没。

戦争中だというのに、平時通りに、定時の人事異動をしているんです。

澤地　艦長から何から、みんな新任だもの。それでシロウトなどと思うわけです。

「それで勝てると思っていた」

半藤　海軍大学校に図上演習(15)規則というのがありました。実際に図上でサイコロを振ってやるシミュレーションですが、これを使って何人かの戦史研究家の連中と敵味方に分かれてミッドウェー海戦をやったことがあります。戸髙さんが参謀長で、私が司令長官で、日本の機動部隊を指揮しました。実際のミッドウェー海戦と同じという条件。「大和」を中心とする戦艦部隊を前方に出したりはしない、兵力などは実際の海戦と同じ形でやるが、作戦の中身は変えてもいいという条件でやったんです。

(15)　兵棋演習とも。作戦や戦闘の訓練・研究のため、海図上に敵味方の駒(兵棋)を置き、実戦に即して設定されたルールで行う演習。

ミッドウェー海戦→10頁(8)

本当のミッドウェー海戦では、索敵(16)を一回しか出していないが、われわれは三波出した。索敵を出すと攻撃用の飛行機の数が減っちゃうから、出したくないんだけど、出した。それで、そのときわかったんですよ。ああ、あの大作戦をやったとき、機動部隊の参謀の数が足りなかったな、と。あっちも目配り、こっちも目配りしなくてはならない。一段索敵、二段索敵と丁寧にやっても、私と戸髙参謀長の二人して、ほかの問題の対策もあって忙しくて索敵機を忘れてしまうんです。

戸髙　実際の現場では、これは大変だったと思う。飛行機は出したら出しっぱなしではなく、きちんとフォローしなければならない。飛行機からの通信も全部フォローして、どこを飛んでいるかを把握していなくてはならない。でも、ほかの仕事が忙しくてやっていると、知らぬ間に撃墜されている飛行機があったりするんです。つまり、そこには必ず敵がいるわけです。それがわからな

(16)　敵の位置や状況を探ること。

いといけないのに、そういうフォローができていない。ドタバタドタバタしているうちに頭の上に敵機が来ている、そういう状態になってしまうんですね。私は参謀が本当に足りないと思いました。

半藤　ミッドウェー島から飛んでくる敵の飛行機はすごく航続距離(17)がある飛行機ですから、わが機動部隊はどこを走っても捕捉されてしまいますね。でも、一応、この演習ではわれわれ日本側が勝ったんですよ。

澤地　でもそれは、連合艦隊司令長官以下の大艦隊が作戦の前面に出てきているからでしょう。一航艦(第一航空艦隊)で、索敵機をたくさん飛ばすの？

戸髙　たくさんもっているんですよ。それが十分に使われていない。できるだけ使ったんですけどね。

澤地　たくさん使ったら、敵を早く見つけられたんですか？

半藤　見つからなかった。そんなに簡単なものではな

(17)　艦船や航空機が、一回の燃料積載で航海・飛行可能な距離。

いことはわかりましたね。やっと見つけたのはいいですが、「よし、攻撃だ」と決心しても、航空母艦を風上に立てて走らせないと、攻撃機が発進できないんです。蛇行なんかしていられない。でも上から爆弾が降ってくるから、避けるために蛇行しないといけないですね。飛行機を発進させるか、敵の飛行機の爆弾を避けたほうがいいか、戸高参謀長と二人でしばし顔を見合わせて……。でも決心して「発進」って私が言ったんですよ。すると頭上の敵爆撃機がバーッと爆弾を落とした。こっちは直進していますから、爆弾の当たる確率は大きい。これはちゃんと作戦統裁官が別室にいて、サイコロを振ってくれるんです。ハラハラしながら判定を待っていると、電話で連絡あり、リーン、「全弾命中せず」。本当にあのときは、戸高参謀長と顔を見合わせて、ハー。

澤地　命中しなくても、近くだったらダメージを受けるんじゃないですか？

戸髙　どれくらいの距離で被害が出るかは、ちゃんと計算してサイコロを振っているんです。

半藤　これは遊びでしたが、こういうことをやっていると、参謀が本当に足りないことがわかります。足りないにもかかわらず、太平洋戦争を始めた連合艦隊司令部は参謀の人数が、日本海海戦のときの東郷平八郎さんの連合艦隊司令部とほぼ、どころじゃない、まったく変わらないんです。それは、新しい兵器ができていますから、航空参謀とか若干は増えています。足し算はいくらかされていますけど、戦場は広大になっているし、出動している艦艇の数は一〇倍以上です。なのに、基本的には東郷さんたちと同じなんですよ。

澤地　ミッドウェー海戦のときは、甲と乙の航空参謀(甲参謀・乙参謀)二人しかいないじゃないですか。

半藤　機動部隊の航空参謀は、二人と多いですが、連合艦隊の航空参謀は一人。要するに、数で見ると本当に、

日本海海戦→35頁(13)
東郷平八郎→33頁(5)

大作戦をやる数ではないんです。目配りが行かないんですよ。

戸髙　ご存知のとおり、連合艦隊そのものが戦時編制なんです。いつから戦時編制にしているかというと、昭和八年には連合艦隊にしてしまうんですよ。つまり、軍令部になった瞬間に、艦隊を戦時編制にしているんです。だから彼らは、これは戦時編制なんだと思って突き進んでいるわけです。極端に言えば、海軍は昭和八年から、編制の上では戦争状態だったのです。

半藤　そういう意味では、組織として何も考えていなかったと言われれば、たぶん新しい事態を考えていなかったんでしょうね。総力戦もへちまもない。それで勝てると思っていた。反省会のなかでも、「本当に勝てると思っていたのかねぇ」なんて。

澤地　「勝てるつもりでやったんだけどねぇ」なんて。

半藤　日露戦争のときの国家予算の規模を帝政ロシア

軍令部になった↓35頁（14）

と比べると、あちらは二〇億、こちらは二億ぐらい。そして、太平洋戦争開戦直前の昭和一六年の予算を同様にアメリカと比較すると、やはり一〇分の一なんです。日露戦争も一〇対一で勝った、対米戦争も一〇対一で勝てる、大丈夫だ、と。それは先人が手本を示しているから、ということが基本的な考えとしてあるわけなんです。それが、軍人は常に過去の戦争を戦う、ということなんです。

澤地 でも、ロシアがぐるっと回ってやってくる距離の長さと、アメリカがやってやってくる距離を考えたらぜんぜん違いますよね。問題は、どうしてそんなふうに都合よく、自分たちに有利なように、どう計算しても自分たちが勝てるような考え方をするのか、ということですよ。

戸高 それは本当にそう思いますね。日本の国自体がもともと財政的に豊かではないんです。必ず対米劣勢の艦隊となるなかで、絶対に勝たなくてはいけないという前提でくるものだから、リアリティのある作戦を立てていたら絶対に負けるんですよ。全然成り立たない。それではいけないんで、自分の都合のいいように解釈して勝つ作戦をつくって、ずっと保持していくわけです。長年そういう作戦計画でやっていると、現実を見ないことが普通になっているんですね。現実を見たら勝てないのだから。図上演習でも、沈没と判定された空母を、いまのは沈まなかったことにする、などと言う手前勝手なことを平気でやる。そんな勝手が通るなら、図演なんかやらなくてもいい。

澤地　図上で考えるときはそうでも、実際の戦闘になったら、国力が大きく違うし、時間が経てば経つほどこの差は開いていく。その窮境に立って戦っているんだという自覚があれば、もっと知恵の限りを尽くして戦うのが本来の軍人のやりかたではないかと私は思う。ない知恵を絞って、というはずが、実戦の場では予測せぬ事態に混乱している。これが軍隊の指揮官なのか、と思ったんですよ。

でも、私たちは同世代で、誰かの悪口を言う必要はないからいいけれど、反省会では話しながらもお互いに牽制し合ってますね。

半藤　「おまえ、相当に悪いんじゃないか」と言いたくなっている人もいるんじゃないですか。

澤地　この人は、「よくいまごろそんなこと言うな」と思っていると感じさせる発言がありますね。

戸高　メンバー全員のなかにやはり、十分でなかった、本当に真剣にやらなかった面がある、という気持ちはあるんですね。みんな上手く言えないけれど、どこか胸の中にモヤモヤしたものがある。なんとかそれをすっきりさせたいのです。

澤地　忸怩《じくじ》たるものはあるのね。だけど、ひょっと誰かが言いましたね、「敵は陸軍」と。敵はアメリカやイギリスではなく、陸軍である、と。物取り合戦とか予算取り合戦とかでの敵なんです。本当に、こんなのでは負けるはずですよ。いまでも、どこの組織でも縦割りと言いますけれど、本当にそうで、横にしっかりつながって英知を集める、という感じではないですね。

排除の論理

——その組織としての問題点について、反省会では、私たちがそこで何か考えなければいけないヒントが出ているのではないかという気がしますが？

半藤　先ほど言った、昭和五年のロンドン会議以降に海軍の内部分裂が起きて、そして開明的な、どちらかと言うと軍政的にも優れた人たちの首がどんどん徹底的に切られたわけですが、反省会に出席している方たちの大部分は、あの時にはいなかったんじゃないですか。ですから、海軍内の条約派と艦隊派がどういう抗争をやって、

ロンドン会議→15頁(15)

条約派・艦隊派→15頁(16)

どういうふうに排除し排除されていったかという経緯は、現実としては体験していないんではないですかね。

戸高　ちょうどその世代の、次の世代になりますね。反省会のメンバーの年頃の士官は、中堅士官として、上層部の動きを見ている。

半藤　あの当時のことをよく調べますと、組織というのは不思議なくらいに、少し飛び抜けて一歩進んだ人はいらないんです、邪魔なんですね。排除の論理というか、阻害の論理というか、「俺たち仲良くやってんだから、おまえ、そんなつまんない変なことを言うな」というような、排除の精神が動くんです。どこの会社や組織でもそうだと思います。

なかには盆暗《ぼんくら》でも偉いことを言う奴もいるけれど、そういうのではなくて、きちんとした勉強をして素質的にも優れた人がいたにもかかわらず、海軍としての組織は排除するんです。軍人というのは、仲良しクラブでまとまっていく、つまり、余計なことをやるなよ、という考え方が強いんです。そういう意味では、この反省会も、ちょっと残念なんですよね。もうちょっと一歩、突っ込んでくれればいいんですけど、たぶん、過去の経緯などご存知でないところがあるんでしょうね。

ある意味、条約派はやっぱり、一つ飛び出て先が見えていた方々だったと思いますよ。留学もされてますしね。たとえば、山本五十六や嶋田繁太郎と同級生の堀悌吉さんは、フランス文学は原書で読んでいるくらいの、ものすごい知識人ですね。

それから有名な話ですけど、艦隊派の連中がヒトラー(18)を信奉して、「ドイツはすごい、『マインカンプ(我が闘争)』を読んだらものすごい、あんな素晴らしい男はいない」なんて言っていると、井上成美さんが「馬鹿、もっとよく読め。その本は日本をクソ味噌にけなしてるんだ。ヒトラーは日本人なんか認めていないんだ」と言っ

堀悌吉→34頁(8)

(18) Adolf Hitler(一八八九―一九四五)ドイツの政治家。一九二一年ナチ党党首、三三年首相、翌年総統となり独裁権掌握。対外侵略を強行し、第二次世界大戦を起こす。著作『わが闘争』(原題 *Mein Kampf*)ではユダヤ人排斥、ドイツ民族の〝生存圏〟樹立を主張。

た。「そんなことは書いていない」と艦隊派が言い返すと、「俺は原書で読んでるんだ」と。みんな、日本の悪口はカットされている日本語の翻訳で『我が闘争』を読んでいるだけなんです。

つまり、堀さんにしろ井上さんにしろ、組織より先に進んでいる、優れているんです。こういう人たちはいらないんですよ。それで、井上さんを邪魔なヤツだと排除する。そういう、仲良しクラブなんですね。

戸高　自分の組織が第一なんですね。海軍もそうですけれど、もっと小さな部署部署でそれを守って大きくしていくわけで、自分の部署が大事。極端に言うと、反省会でも一部、「海軍あって国家なし」という言葉がありましたけれど、それこそ「第一委員会あって海軍なし」ですね。そういう、自分の部署がまず第一だという意識がどこまでもついてくる。

半藤　開戦のとき、海軍士官は全部で何人でしたかね？

戸髙　海軍の将兵は約三二万人、ちなみに陸軍は二一〇万人です。このうち海軍の幹部は、いわゆる兵学校出の士官が現役でどれくらいいるかとなると、昭和一六年一二月一日調べの海軍士官名簿では、兵科の士官は、新品少尉まで入れて大よそ五千人くらいですね。管理職の佐官以上は二千人以下ではないですか。この当時、海軍に限って言えば、日米は人員、艦艇数とも、ほぼ互角に近いですね。

半藤　つまり、そういう規模の会社だと思えばいいんですよ。海軍は幹部二千人ほどの会社である、と。そのなかでいかに自分が出世していくか、ということを頭に入れながら仕事をしていく。そういうときにどういうことになるか、自ずとわかりますよね。海軍だって人間がやっていることなんですから、いまの話で出たように、小さな部署の人間として自分の部署を守る、という形に

兵学校→24頁(25)
少尉、佐官→11頁(9)

ならざるを得ないんじゃないですかね。

戸高　出世という話はその通りですね。軍人というのは「進級がすべて」というところがありましてね。それから勲章。笑い話になっていますけれど、戦後になって、古手の中佐クラスの人が、「昭和二〇年の秋まで戦争をやってくれたら、大佐になったのに」と。

澤地　だって、恩給の額が違いますからね。

――陸軍との比較ということでは、海軍は命令一下なのかと思っていたら、第一委員会などは幕僚[19]統帥で、下克上といった感じですね。

戸高　陸軍は、参謀は指揮官の権限を代行できますから、参謀が現地に行って指揮することができるんです。海軍は一切、それができない。できないけれど、組織としての軍令部は、軍令部の名前を持っていけば、それはそれで動くんです。ですから海軍では、個人としての幕

(19)　軍の司令官などに直属して補佐する者。

僚統帥はなかったと思いますが、組織としての一種の下克上はあったということですね。

組織の思考能力

澤地　永野修身も第一委員会に判断を預けて、組織のリーダーとしての判断能力を欠いたわけです。第一委員会はいばっていても、部下ですよ。日本のことだけでなく、世界の政局を見てこの流れはどうなるか、ということを自分の頭で考えればいいんです。たとえば、直言する人であったはずの井上さんとかその他の人たちに、どう思うかと意見を聞けばいいのに、聞かないでしょう？それで結局、最終的に選択するときには、猪突猛進みたいな勇ましいことを言う人の意見が主流になるように、みんながくっついていく、これがよくないですね。

戸髙　私が思うに、たとえば第一委員会とか、組織に

永野修身↓58頁(45)
第一委員会↓48頁(35)

は権限はあるんですね。「第一委員会の決定として」というような。ところが、組織というものは当然、思考能力がないんですよ。思考能力は個々の人間が持つんです。ですから、個々の思考能力を持つはずの人間が考えることを放棄して、組織の決定に無批判に従ったら、人間としての存在意義がなくなるわけです。人間は、ものを考えないといけないんです。人間が組織を使うのでなくてはいけないのに、もう、第一委員会がそう決めたのならいいよ、と組織に従う人間になってしまう。おかげで、責任も組織に行ってしまい、個人としては誰も責任を取らなくなる。

澤地　でも、反省会でこういうことを言っている人もいたでしょう。「戦争というのは国と国がやるんだから、個人は関係ない」と。

戸高　そうは言っても、目の前で戦うのは全部人間なんですから。そういう、組織と個人の能力を発揮するべき場所というのは、うまく嚙み合っていないと、ダメですね。

澤地　やっぱり、国家とかそういうものを背中に負うと判断を間違うのではないですかね。宮様を背負ってもダメだし、それから国のためといってどれだけ間違えたことがまかり通ったか。疑問を抱く人は許されなかったわけです。そういう絶対権威というものは――半藤さんも「絶対」は嫌いだけれど――、そんなものに支配されないほうがいいんですよね。

半藤　まぁ、ちょっと弁護しますけれど、戦いが始まってしまうとね、勝たなければいけないですから、ある程度、組織の論理に従う、これはしょうがないですよね。しかし、問題は戦いが始まるまでですよ。判断を間違えないように、きちっとしなくてはいけない。澤地さんが言うとおり、海軍には、頭のいい人はたくさんいたんですから。ただ、海軍の場合、頭のいい良識ある人は中央にいなくて外側にいるんですよ。

ご存知のように、文書には書いてありませんけれど、海軍には、「列外の者発言すべからず」という伝統があります。その掌にいない人間は発言しちゃいかん、それは当たり前なんです。海軍は船で走りますから、船の艦長、航海長、砲術長とか幹部がたくさんいまして、ここでいろいろな命令があちこちから出たら、船がまっすぐ走りませんからね。それで、軍令承行令(20)――別名ハンモックナンバーといいますけど――というのがありまして、艦長が戦死した場合は、次は誰が指揮を執る、その人が戦死した場合は、と下の下まで決めている。

そういうふうに、指揮するものの順番がきちっと決められていますから、順番ではない、外側にいる人間は余計な発言をしてはいかんのです。海軍軍令部と海軍省という中央部が、政治的な判断とか戦術とかを決めてきたときに、外側にいる人、たとえば連合艦隊司令長官山本

(20) 作戦時の指揮権継承の序列を定めた海軍の法令。当初、機関科将校の序列を兵科将校の下位に置き、長年機関科に差別感を与えたため、一九四四年改正された。

五十六や、第四艦隊司令長官井上成美という人たちは、列外にいますから発言は許されないんです。

山本五十六などは、連合艦隊司令長官になるまで、海軍次官のころは新聞記者なんかにもベラベラベラベラと、かなり発言しています。ところが、司令長官になってからは記者にも発言しません。その代わり、自分の親友である堀悌吉さんに手紙を書いたり、言葉を遺して、「戦争は反対だ。起こしてはいかん。いまの海軍中央は何も考えていないから、第一委員会の奴らを全部首にしろ。あの連中が害毒を流している」ということをはっきり言っています。ところが、本当に少数の人しか聞いていないんですね。それは当たり前です。「列外の者発言すべからず」。

そういう優秀な人が何人もいるんですから、永野軍令部総長が心を開いて、そういう人たちを呼んで、しっかりとやってくれればいいんですが、この永野総長は、反

山本五十六↓37頁(21)

省会のなかでちょっと出ていましたね、「ぐったり総長」と。全部、人任せでダメなんですね。

戸髙　うるさいことを言う人を列外の人間にしてしまうという人事ですね。いい例が、第四艦隊司令長官になって、トラック島(21)で委任統治領など、南方防備をしていた井上成美中将。井上さんなどは、本来あんな配置であるはずがないんですよ。あれは明らかに口封じのような配置という感じがしますよ。海軍は、南方は重要と言いますが、本当はあまり重視していない部署です。

半藤　井上さんは、あきらめたのかどうだか知りませんけれども、トラック島に行ってしまったきり、暑いからでしょうけれど、軍服を脱いで、朝から帷子《かたびら》かなんか着ていた。

澤地　それを辻政信(22)が見て、非常に腹を立てて帰ってきたんですね。いまもトラック島のそばを通ってみると、松の木が生えてとてもいいところなんです。そこで薄物

(21)　西太平洋上、カロリン諸島にあるトラック島は日本海軍の一大拠点だったが、一九四四年二月に米軍に空襲を受け、軍事基地の機能を喪失。井上成美➡61頁(53)。第四艦隊司令長官在任時に、トラック島で指揮を執った。

(22)　(一九〇二―六八)元陸軍大佐。関東軍参謀をはじめ長く参謀職に就く。部内でも独断専行が多い人物と認識されていた。戦後は衆参両議院議員を歴任、一九六一年ラオス旅行中に行方不明、六八年死亡認定。

か袴などを井上さんが着ていたら、辻政信はガダルカナル(23)の帰りですからね。でも辻だって、自分の足元に飢えた乞食のような日本軍兵士たちがいたというのに、作戦を立てた自分の責任はどこかにやってしまった。その途中で井上さんに会うわけですよ。それで、怒って東京へ帰っていくわけです。井上さんは達観したんですかね。

半藤　これはもうあかん、と達観しちゃった。達観というよりも、もうあきらめたんですよね。

エリートたちの過ち

——しかし、残った人にしても、海軍兵学校に行っている人で、それぞれの世代の最優秀の頭脳を集めて教育して、軍人として育成した、言ってみれば当時の日本のベスト・アンド・ブライテストだった人たちがどうして、こういうふうになっていくのでしょうか。

(23)　南西太平洋上ソロモン諸島南端のガダルカナル島で、一九四二年八月から翌年二月まで、同島の攻防をめぐって日米の陸海戦が行われた。日本軍は餓死者を含め多くの戦死者を出して同島を放棄、太平洋戦争での日米攻守の転換となった。

半藤　基本的には、日本の明治以来の――と言ってもいいと思いますが――、その流れで、軍隊とは、リーダーシップとはいかにあるべきか、ということを考え違いしたんだと思いますよ。

それが一番具体的に出たのは、明治一〇年の西南戦争(24)です。あのとき、総大将に有栖川宮熾仁《たるひと》親王(25)という若い、何も戦争経験のない、お名前だけの人を載せてやりました。参謀は山県有朋(26)以下、戊辰戦争(27)で戦い抜いた歴戦の人たちを集めまして、それで西郷隆盛(28)の薩摩軍と戦って、勝ったんです。当時は、薩摩軍は日本最強の軍隊と言われていた軍団ですが、その薩摩軍との戦いを、こちらは徴兵したシロウトたちに鉄砲を持たせて勝った。そのときから、参謀にしっかりとした者をつければいいんだ、リーダーは少しくらいお飾りでもいいんだ、と妙な考え方ができたんです。

それで、陸軍大学校は明治一五年、海軍大学校は二一

(24)　一八七七(明治一〇)年勃発の、西郷隆盛を中心とした、明治政府に対する不平士族の最大・最後の反乱。

(25)　(一八三五―九五)幕末・明治期の皇族。明治新政府の総裁となり、戊辰戦争で東征大総督、元老院議長、西南戦争で征討総督などのち、陸軍大将、参謀総長などを歴任。

(26)　(一八三八―一九二二)明治・大正期の軍人・政治家。陸軍大将・元帥、公爵。新政府で陸軍の基礎を築き、のち内務大臣、首相を歴任。日清戦争で第一軍司令官、日露戦争で参謀総長など。

(27)　一八六八(明治元)年から一年半に及んだ、明治新政府軍と旧幕府側との戦いの総称。

年と、早めに創設されるんですが、これは何を教えたかったかというと、参謀教育なんです。参謀教育とは何かというと、授業の中身をみればわかりますが、戦術とか、本当に戦いに勝つことばかり勉強する項目が多くて、国際法とか、いわゆる一般常識、日本の歴史とか世界史、そんな授業なんて本当に少ないんです。海軍大学校のほうが少し多いですが、それにしても、健全な良識のある人間をつくるといった授業がとくに少ない。文学なんてまったくない。本当に戦術のお化けみたいな軍人ばっかりを養成しました。

それが、この反省会に出てくる非常に優秀な人たちなんです。そのなかからは堀悌吉さんみたいな、フランスに行って、東大のフランス文学の先生以上にフランスの文学や芸術もみな知っているというような人も出ていますけど、だいたいにおいてそういう人は大学校優等生からは出ないんですね。たとえば、山本五十六はアメリカ

(28)（一八二七—七七）幕末・維新期の政治家、薩摩藩士。新政府で参議、陸軍大将などを務めるが、政変により一八七三年に下野。西南戦争に敗れ自刃。

に留学したからアメリカをよく知っているだろうという人が多いんですが、私は、山本さんはアメリカをあんまり知らなかったと思うんですよ。なぜそう言えるかといえば、簡単なんです。彼にはお友達がいないんですよ、アメリカ人のね。

第一委員会にいた連中はもっとひどいのばかりです。なるほど優等生は多かったが、唯我独尊の超国家主義者の集まりだったんです。

澤地 硫黄島[29]で死んだ栗林忠道[30]のような人は、アメリカ駐在であの社会に溶け込んだ日があって、よく知っていますね。

半藤 だから彼は、陸軍中央部から疎外される。陸軍でも海軍でも、大学校での教育というのは、参謀のための、勝つための教育ということに重点を置いています。人間的な良識のある、判断力が半端でない人を養成するということを、日本の軍隊はしなかったんです。

(29) 小笠原諸島南方の硫黄島に一九四五年二月米軍が上陸、一カ月以上にわたる激戦ののち、同島の日本軍は壊滅した。

(30) (一八九一―一九四五)陸軍大将。一九四三年陸軍中将任官、翌年小笠原方面最高指揮官として、硫黄島の戦いで陸海軍部隊を指揮。開戦前には米国、カナダなどに駐在武官として派遣された。

澤地　このエリートたちは、自分たちが戦争をするときに、自分たちの部下として、一番犠牲がたくさん出るであろう下々の兵隊たちのことを、本当に知らなかった。だから、戦争が終わって何十年も経ってから、たとえば「一番若い戦死者は一五歳である」と私が書くと、「そんな馬鹿なことがあるか」といった文句がきましたよ。ですから、そういうふうに思い込んでいるわけです。陸軍の例ですけれど、読み書きができない兵士が戦友に宛名を書いてもらって、ひらがなで「げんきか」と、たどたどしい手紙を書いて送ってきた、という話を書いたら、「帝国陸軍にそんな人間はいない」と言ってきた。そんな誇りを上のほうではもっているわけなんです。

でも、この兵士のように、末端にいる人たちは、生活に苦しんでいる家族を抱え、自分は学校に行く機会がなかったから読み書きもできない。それで、海軍ならば一四歳で志願して、一五歳で死んでいくような人が実際にいたんですよ。これは、私が一人ひとり、全員何歳で死んだのか調べたからわかるようになったことですが、そういう数字を見せられても、海軍の人たちは、自分たちは数字に強いと思っているんですよ。なぜなら、計器が読めないと船を動かせないでしょう。それで、私が調べてコンピューターで集計したものを否定して、そんな馬鹿なことはない、って言うんですから、こういう思い上がりはどうにもならない。本当にどうにかしてもらいたいと思いましたね。

それから、私が思ったのは、この反省会に出ている人たちは、海軍軍令部がいろいろな悪いことをしていたのを知っているけれども、でも何か、その軍令部が日本全部を背負っていたような誇りが全員にあるな、ということなんです。でも、戦争は海軍だけではできなかった。陸軍もいて――これは、どちらがどうこうとは言えないことだけれど――、陸軍も誤った判断をし、そして海軍も間違った。そして、最後は陸軍が引っぱっていったようになるけれど、海軍も、引っぱったり引っぱられたりしていた。だから、これは海軍だけがやった戦争では、決してない。それなのに、ここに陸軍のことが完全に落ちているのはおかしい、と思いました。

戦争がいざ始まってみると、ドイツに鉄板を売ってくれという交渉をして、ドイツに断られています。ドイツだってもう、鉄不足で参っているんですから。これに対して種村佐孝[31]が、「これは奴隷のようなものだ」と怒ったけれども、何をいまごろ、と思いますね。

(31)（一九〇四―六六）元陸軍大佐。陸軍参謀本部戦争指導班長などを務め、終戦工作にも関わった。

4　戦争を後押ししたもの

（発言者不明）「永野総長を動かすだけの働きをどの程度おやりになったのか」
三代一就元大佐「そこまでやる必要を感じなかった。実際、課長は部長に話をされたと思うんですね。だからわれわれとしてはですね、それ以上に、総長まで話をしとけというまでは……」（笑）
「そうでしょうね、三代さん、いい考えだったんでしょうけども、おそらくそうだったんでしょう。残念でしたね」（爆笑）（第六八回、一九八五年）

「特攻に殉じた若者たちの行為は、いかなる賛美も惜しむものではない。だからといって、特攻作戦を賛美することはできない。そこには深刻な反省と懺悔がなければならない」――鳥巣建之助元中佐（第一一回、一九八一年）

関連年表

1868(明治元)	戊辰戦争
1869(明治 2)	海軍操練所(のち兵学寮)開設
1876(明治 9)	海軍兵学寮を兵学校に改称
1877(明治 10)	西南戦争
1888(明治 21)	海軍大学校創設
1894(明治 27)	日清戦争(～1895)
1902(明治 35)	日英同盟締結
1904(明治 37)	日露戦争(～1905)
1910(明治 43)	日本，韓国併合
1914(大正 3)	第一次世界大戦(～1918)
1921(大正 10)	ワシントン海軍軍縮会議(～1922)
1927(昭和 2)	日本軍，第一次山東出兵
1930(昭和 5)	ロンドン海軍軍縮会議
1931(昭和 6)	満州事変
1933(昭和 8)	日本，国際連盟を脱退
1934(昭和 9)	日本，ワシントン海軍軍縮条約を破棄
1936(昭和 11)	日本，ロンドン海軍軍縮会議脱退を通告．2・26 事件
1937(昭和 12)	盧溝橋事件，日中戦争勃発
1939(昭和 14)	第二次世界大戦勃発
1940(昭和 15)	日本軍，北部仏印進駐．日独伊三国同盟締結
1941(昭和 16)	7 月日本軍，南部仏印進駐．8 月米，対日石油輸出禁止．12 月日本軍，真珠湾を奇襲，太平洋戦争勃発
1942(昭和 17)	2 月日本軍，シンガポール占領．5 月珊瑚海海戦．6 月ミッドウェー海戦
1943(昭和 18)	2 月日本軍，ガダルカナル島から撤退．4 月連合艦隊司令長官山本五十六戦死．5 月アッツ島日本軍全滅．12 月第 1 回学徒出陣
1944(昭和 19)	7 月サイパン島日本軍全滅．10 月レイテ沖海戦．特攻作戦始まる
1945(昭和 20)	3 月東京大空襲．硫黄島日本軍全滅．4 月米軍，沖縄本島上陸．8 月米軍，広島に原子爆弾投下．ソ連，日本に宣戦．米軍，長崎に原子爆弾投下．日本，ポツダム宣言を受諾し終戦．9 月日本，降伏文書に調印

日露戦争以来の大国意識

——海軍が太平洋戦争に突入していく判断をしたこと、それを後押ししたもの、あるいは戦争に向かっていく他の要因は、どういうものだったのでしょうか?

澤地　一度間違えた道に入ってしまうとなかなか、路線の変更をしたり、そこから戻ることは難しいということなんだ、という気がしますね。さかのぼっていくと、たとえば、満州事変のころから流れはあって、それをどこで修正して、再考してどうするかということを誰も、指導層はやらない。だから逆に、日中戦争の解決ができないからということで、今度はアメリカやイギリスを敵にして戦おうということになってしまう。自分の国が持っている力を考えないまま、ヨーロッパの戦局を見て、

満州事変→39頁(24)
日中戦争→36頁(15)

これは急いでやらなければならない、という自主性のなさ、マイナスの積み重ねだったんではないかという気がします。

でもやっぱり、海軍のエリートの人たちは、日本を背負って立つ、という気持ちをずっと死ぬまで持っていたのではなかったんですかね。

半藤　まあ、そうでしょうね。「陸軍に負けるもんか」という思いは、日露戦争以来あるんじゃないですかね。日露戦争のときは、それほど仲が悪いとは思えないんですけれどね。旅順の攻撃(1)にしても、一緒にやらなくてはいけなかったですから。結構、協力していました。

日露戦争が終わってからいよいよ、日本が大国意識を持つようになりまして、国民もあとから持つようになるんですが、とりあえず政治家と軍人が大国意識を持ちはじめまして、軍人はそれに基づいて軍備を整える。すると、「陸軍は五〇個師団つくる」と言うんでしょう、大

日露戦争→35頁(12)

(1)　一九〇四年日露戦争が勃発、日本は制海権確保のため、ロシアの太平洋艦隊基地、旅順(中国遼東半島南西端、大連市の港湾地)を乃木希典陸軍大将の指揮下、攻略した。

計画ですよ。日露戦争は一三個師団で戦った、これを五〇個師団にするというんだから、ものすごい大規模なわけです。つまり軍事費が山ほども要る。この陸軍に対抗するために海軍はよほど、陸軍にたて突いて、と言うか、予算をとらないと、みな持っていかれちゃう。日本が陸軍国家になってしまう可能性がありますよね。海軍としては頑張らざるをえないというので、陸軍を仇敵視するようになってくるわけです。

そもそもが、予算の分捕り合戦なんです。ですから、海軍は、太平洋戦争への道を陸軍によって引きずられた、という言い方が戦後ずっと続けられてきたんですが、それはある程度言えることなんですよ。満州事変から始まった日本の侵略戦争、大国意識に基づいた、外へ外へと出てゆく発展は陸軍が指導してますから、海軍はそれについていっただけだ、というところがあります。ですが、ずっと引っぱっていかれて結局、昭和一五年九月に締結される日独伊三国同盟、(2)そのときに、海軍がイエスと言うわけですよ、あっさりと。そのイエスと言った瞬間からこれはもう、大きな選択を誤りましたから、もはや戻れないという道を行ってしまったのだと思いますね。

なぜ海軍はイエスと言ったのか、簡単なんです。予算なんです。「予算をがっぽりくれるんだな」と陸軍に約束させるわけです。陸軍は三国同盟を結びたいから、「予算を海軍の希望通りにする」と約束した。それならば、というわけで、軍令部はイエスと言う。これが実情らしいんですよ。おもてに出てきてる問題としてはそんなことは言っていなくて、いろいろ理由をつけていますけど、内実を探るとお金なんです。海軍は、金で身を売ったんですよ。と言うと、海軍さんはみんなカンカンに怒って、おまえは出入り禁止だ、ってなりますけどね。

――一つの部局の利益を追い求めることがとんでもない

(2) 一九四〇年に日独伊間で締結された同盟関係。締結交渉の当初、参戦条項をめぐり、英米協調派の多かった日本海軍は反対していた。

結果につながるということは、戦争という事態だけではなくて、いまもありますね。

半藤　同じなんですよ。変な話ではありますけれど、自分たちの勢力や自分たちの権力を保つためには、どうしても相手を敵視する。小泉純一郎(3)(元首相)は〝抵抗勢力〟と言いましたが、いい言葉をつくりましたよねぇ。さながら、相手がとんでもない敵であるみたいな、まるで国策に反するような位置づけにしましたから。言葉がばーっと走る。そして、抵抗勢力は悪いという世論が形成される。こういったことをやらなければ、相手を潰せませんからね。

二つの勢力が拮抗するときは、いろんな手練手管がありますが、とにかく予算を自分たちのほうにもらわなければ、海軍としては話にならない。

戸高　組織にとって勝ち負けというのは、いまでもそうですけれど、簡単に言えば予算をとったかとらないか

(3)　(一九四二―)元政治家。二〇〇一―〇六年に総理大臣を三期務める。自らの推進する郵政民営化などをめぐり、反対する議員らを「抵抗勢力」と呼んだ。

ですから。

澤地　とった予算をどう使うかを考えるべきだと私は思いますけどね。

戸髙　まず額が欲しいんです。実際、そうなんですよ。可能な限り予算をキープしないと、あとの事業を考えられないということがあります。じゃあ、海軍が予算をとったら何の事業をするのか、海軍の仕事は戦争か、というと、そうではないはずなんですよ。私は本当は、当然のことだけれど、抑止力だと思いますよ。戦争をしないことが、抜かれざる名刀であることが、本来の陸海軍の役目であるはずです。ところがこれが、どこかで刀を抜きたがるということが出てきてしまう。

澤地　予算を分捕って、軍事力が強くなればなるほど、ある種の力学が働いて、使わないではいられなくなるということがある、と私は思います。そこのところを抑えるのが、大臣であり、軍令部総長、政治家であるはずですね。

半藤　まぁこのときは、政治家はあんまり働かなかったですからね、二・二六事件以来、腰が引けたままです。

二・二六事件→39頁(25)

戸髙　ここ一番の発言がないですね。政治家も、マスコミも、二・二六以来、軍部の暴発を恐れている。軍も、上手にこのイメージを脅しに使っている。

半藤　ですからやっぱり、政府ですよね。時の政府は(4)しっかりとしなくてはいけなかったんですけど、昭和一〇年代の内閣は頻繁に代わっているじゃないですか。あれよあれよと代わっていますから、あれできちんと国策を立てて、業務を遂行していくということはできないと思いますね。

澤地　自民党末期の内閣と似ていますね、短期政権で。

半藤　だからどうしても、軍部の力に押しまくられるといいますか、そういう形になってしまう。

(4)　二・二六事件のあった一九三六年から終戦の四五年までに、岡田啓介、広田弘毅、林銑十郎、近衛文麿(一次)、平沼騏一郎、阿部信行、米内光政、近衛(二、三次)、東条英機、小磯国昭、鈴木貫太郎が総理大臣となり、内閣を率いた。

開戦のための計画

澤地　私は改めて思ったのは、陸軍の責任者は六人、絞首刑(5)になっているけれども、絞首刑になった海軍の提督や士官はいないんですね、終身刑までで。つまり、そこで収めようというふうに考えて、米内さんは非常に政治的に動いたんだ、ということがよくわかりました。

敗戦時、阿南惟幾《あなみこれちか》(6)という陸軍大臣が割腹して死んだのですが、その後で親泊朝省《おやどまりちょうせい》(7)という沖縄出身の陸軍報道部員だった人が、家族ともども死ぬ前に、米内を殺そうと思って動き回るんです。米内さんがどこにいるか、ついにわからなかったんですが、彼の遺言を読みますと、まことに申し訳ない、と謝っています。それは、阿南閣下の割腹自殺に対して、ついに米内を探し出せずに、と。なんでこれほどまで米内を憎むのかと私は思いました

(5)　絞首刑となった東条英機、土肥原賢二、広田弘毅、板垣征四郎、木村兵太郎、松井石根、武藤章のうち、元総理・外務大臣の広田を除くと六人全員が陸軍軍人(陸軍中将の武藤以外、すべて陸軍大将)。→東京裁判、142頁(4)
米内光政→61頁(52)

(6)　(一八八七―一九四五)陸軍大将。一九四五年四月陸軍大臣就任、八月一五日陸相官邸で自刃。

(7)　(一九〇三―四五)陸軍大佐。大本営陸軍部報道部員、内閣情報局情報官など。

けれど、でも、そのころには陸軍側は気がついていたんですね。占領軍との関係は知らないけれども、海軍は上層部が連絡しあって、戦争の責任を陸軍に負わせようとしている、ということを。阿南大将はこのことに気がついていて、「自分は万斛《ばんこく》の恨みを持って死ぬ」と言ったのだ、というふうに私は想像しました。それで情の厚い親泊に、頼むぞ、と。だから、親泊は仇《かたき》を討とうと思って、米内さんを追いかけるということなんです。

半藤　阿南さんの最後の言葉に、「米内を斬れ」というのが残ってますからね。陸軍から見れば、海軍は自分たち海軍のことしか考えていなくて、国家のことを何も考えていない、ということでしょう。

澤地　海軍のことだけを考えている。しかし、日本人の思考というか、軍人の思考というのはどこに抜け道があるのかを考えたら、自分たちの海軍に傷がつかないことが第一義にあるけれど、それには、天皇に責任が及ばないようにするためだ、という錦の御旗が必ず出てくる。これは、非常に不幸なことだと思いますね。そこにちゃんと抜け道がある。それを言われてしまうとみな、だまってしまう。これがよくないです。

半藤　三国同盟を結んでから以後、第一委員会ができて、それで海軍の政策がどんどん進んでいきはじめたあとは、たとえば北部仏印進駐、南部仏印進駐(8)があります。実行はともかく、あの政策の推進は海軍ですからね。戦後はすべて陸軍がやったことになってますけど、陸軍はそれほど強く進めたわけではありません。あれは海軍の第一委員会ですよ。それで、アメリカが油の対日輸出を止めてきた、なんていうことを言う。

澤地　それが開戦の条件(9)として以前から決まっているから、シナリオ通りですね。

半藤　それでいて、アメリカがまさか油を止めてくるなんてことは考えていなかった、と当時の海軍の岡敬純《たかずみ》

(8)　ドイツに対するフランスの降伏を契機に、太平洋戦争直前、日本軍はフランス領インドシナ(仏印)に進駐・占領。一九四〇年九月に北部、翌年七月南部仏印進駐、そしてこの間に三国同盟が締結され、米国は在米日本資産凍結、対日石油禁輸などの制裁を発動、日米関係の悪化が決定的となった。

(9)　一九四一年六月に完成された、海軍第一委員会による機密報告書。「第一　帝国海軍の執るべき方策」として、「(イ)米(英)蘭が石油供給を禁じたる場合」海軍は「猶予なく武力行使を決意するを要す」とある。当時の日本は石油のおよそ七割を米国からの輸入に依存していた。

軍務局長は言っているでしょう。判断を誤った、と。じつは海軍が、ここまでだったらアメリカは黙っている、平気だと引っぱったんですよ。だから、判断を誤ったという思いは、陸軍にあると思いますよ。アメリカとの戦争は、陸軍ではなくて海軍がやるんだから。それで海軍は本当にその自信があるのかと陸軍が聞くと、「大丈夫、大丈夫」と言う。

澤地　その場から帰ってきて、仲間の海軍の幕僚たちに聞かれると、いやぁ、あそこでは、ああ言わなければならない、と平気で言うんですよね。正直に本当のことを言って議論を詰めなければならないときに詰めないで、なんとなく戦争になってしまうという、こんな変な戦争がありますか？　そのときに異論を唱えたらよいのに、勇気がないんですよ。直言をして孤立するのは非常に怖いというのは、それはいま、私たちも気をつけなければならないことだろうと思いますよ。でもやっぱり、異を

(10)　(一八九〇―一九七三)39期、元中将。一九四〇年から海軍省軍務局長、のち海軍次官など。

唱えて、そして議論を煮詰めるというのは大事な議論の仕方だと思うんですけどね。

半藤　異論を唱えると排除されますからね。

澤地　それからもう一つ、異論を唱えていると、テロにあって殺されるということが昭和の初めにありましたからね。本当に勇気を試されたんでしょうね。

半藤　空気という言い方をすると、何事も簡単にわかってしまうんですが、一応、海軍にはちゃんとした計算があったわけです。一応ですよ、本当にそれが実現するとは思っていなかったでしょうから。海軍とすれば、戦争になったら油がどれくらい必要で、一年目はどれくらい使って、二年目は南方制圧(11)するからどれくらいで十分補えるとか、ものすごい計算をしていたはずなんです。全部デタラメだったんですよね。

戸髙　保科善四郎さんが、開戦時の計画は、ありもしない兵器を並べてできることになっていた、と言ってま

テロにあって殺される→二・二六事件、39頁(25)

(11)　一九四一年一二月八日の英領マレーと米国ハワイへの奇襲により始まった、太平洋戦争初期における日本軍の東南アジア・太平洋各地への攻略作戦。オランダ領東インドの石油資源獲得を目標とした。

保科善四郎→28頁(29)

すね。海軍としては、政府から「やれ」と言われれば、いつでも戦える状態であることが前提ですから、とにかく書類上は開戦可能な姿をつくっておかなければならない。また、その架空の軍備計画が、予算要求の資料でもある。

半藤　とにかくそういう計算はあるんですよ。空気だけじゃないんですよ。それから、七割海軍と申しますが、七割あれば勝てるという考え方からいうと、昭和一六年一二月の時点では、日米の海軍の兵力は、トン数からいっても飛行機の数からいっても、アメリカのほうがかなり多いんです。でも、アメリカ海軍は大西洋と太平洋に分かれていますから、太平洋だけで比べると日本はアメリカの兵力の七割、つまり七割海軍をつくりあげているんです。ここなんですよ。これで対米開戦を来年まで延ばすとなると、相手はどんどん新兵力をつくっていくから、たちまち日本の兵力はアメリカの六割五分になってしまう。二年後、昭和一八年になれば五割になってしまう、という計算が明らかになって、やるならいまだ、となる。これが、最後の判断ですよ。明治以来の計算や図上の演習で間違いなく、「七割だったら勝てる」んですから。

国民の熱狂

澤地　山本五十六は連合艦隊司令長官として、半年や一年は暴れてみせる、と。彼は、緒戦で敵を叩いて講和にもっていこうとするでしょう。真珠湾攻撃で、アメリカの航空母艦が逃れたとしても、かなりなダメージを受けている。アメリカ兵が三千何人も死んでいるわけだし、戦艦もたくさん沈んだ。どうしてあのとき日本には、和平にもっていこうという動きがなかったんですかね。そんな話は全然していないでしょう？

半藤　問われると答えづらいんですけれど、真珠湾での大勝利のあとでは国民が許さなかったでしょうね。真珠湾攻撃の大戦果で熱狂しちゃいましたから。

澤地　それはね、マスコミの責任もありますよ。国民の熱狂をもっと抑えなくてはならなかった。それに、真珠湾で勝ったからといっても、昔から「勝って兜の緒を締めよ」というでしょう。「戦争というものは長く続けるものではなくて、収束時期を見なければならないのだ」といった意見を誰かが言う。そしてそれを新聞やラジオが報道する、というような状況がない国だったのは、とても残念ですね。それで、シンガポールがそのあとすぐ落ちる(12)と、提灯《ちょうちん》行列(13)になる。どこまで行くのかというと、自分たちも果てがわからなかった、と。やっている人たちもそうだったんです。

半藤　ヨーロッパでドイツが勝つのを待っていたんですよね。

(12)　南方作戦により一九四二年二月、日本軍はシンガポールを占領。

(13)　戦勝や祝い事に祝意を表すため、夜間、大勢の人々が提灯を持ち列を組んで街路を練り歩くこと。日露戦争初期の戦勝などにも行われた。

澤地　そうです。けれども、一二月八日に日本が真珠湾を攻撃したとき、ドイツ軍はソ連を攻める東部戦線を停止します。ナポレオンと同じ(14)なんですが、雪に苦しめられてね。日本は対英米開戦ですから、こんな皮肉なことはありません。あと一〇日、日本が開戦を遅らせていたら、と思いますが、そんなこと軍人が考えたでしょうか。考えませんね、この軍令部ではね。

国民の熱狂ということは、いまもありますよね。たとえば、小泉純一郎が総理大臣になったとき、九〇パーセント近い支持率があったということは、恐るべきことだと私は思うんです。そういうことが、いまの時代にあるというのは、これは怖いことですね。北朝鮮の問題にしても、マスコミも煽り立てて、それが不必要な敵愾心《てきがいしん》を生む。こういった熱狂は循環するもので、一人が最初に何か言う、ほかの人が騒ぐ。すると、その最初に言った人が、次の人間が言っていることに影響を受けるという

(14)　フランス皇帝ナポレオン一世は一八一二年ロシアへ遠征。退却時には食糧・物資補給の困難と厳寒により、数十万の兵が脱落、本国に帰還したのは僅かだった。

ことがあります。こういう相互作用があって、どんどん広がっていくものですね。

半藤　『昭和史』(15)という本の最後の結論で、「熱狂するなかれ」ということを書いたんですが、これを読んだ人が文句を言ってきまして、昭和一六年一二月八日には熱狂しなかった、と。私は当時小学校五年生でしたが、周りは、学校の先生だろうがなんだろうが、ものすごく大喜びしたのを見ましたけどね。ああいったのを、熱狂するというのではないですか。

うるさく言う人が多いので、最近はね、熱狂する前にまず最初に集団催眠にかかっちゃう。それが危険であると言うようにしています。国民的催眠にかかっちゃうと、理性的でなくなって、わかんなくなっちゃうんですね。それから熱狂が始まるんです。いきなり熱狂にならなくて、まず国民的催眠にかかるんです。そういったことが、日本人はやっぱりたくさんありますね。戦後は、太平洋

(15)　半藤一利著『昭和史 1926–1945』平凡社、二〇〇四年。のち平凡社ライブラリー。

戦争で学んだんで、かなり日本人は冷静になったかと思うと、あに図らんや、ですね。

一銭五厘の葉書

澤地　この海軍反省会に出席している、軍令部のいい地位にいた参謀の人が戦後、自衛隊の幕僚長とかになっていますね。この人たちがもっている体質というようなものが、戦中と戦後にずっと、人から人へつながっていっている。つまり、人間的につながっている。そういう形で、自衛隊という軍があるわけです。いまは、旧軍隊の関係者はいなくなったそうですけれど、組織ができていくというときは、ゼロからではない。何か精神構造みたいなものを、どこかから受け継ぐんです。

それと、自衛隊のエリートたちはみな、アメリカに留学しています。戦争で米軍の捕虜になって日本に帰り、その後自衛隊入りした人も、アメリカに行っている。不思議に思えるような話ですが、アメリカの軍隊の教育を受けた人たち、そして、戦前の日本の軍隊の体質を受け継いでいる人たちが、いまの自衛隊の土台をつくっているということを、ちゃんと目を開いて見ていなくてはいけないと思います。

それからもう一つは、たとえばガダルカナル、それからパラオ本島のバベルダオブ[16]で、陸に上がった海軍の兵士は本当に惨めだったといいます。陸軍も大勢餓死者が出ていますけれど、ガダルカナルの場合は、海から上がった海軍の兵隊だけが一つの小屋に二、三十人いると、陸軍は誰も、友軍として食べ物を分けなかった。陸軍の人も飢え死にしているのは、それはたしかにそうだったんですが、補給を担当している海軍の兵士が、駆逐艦か潜水艦で運ばれてきたお米の俵を担いで運んで、自分はそれを食べることもなく、そのあと自分の部隊に行こう

ガダルカナル→93頁(23)

(16)　太平洋ミクロネシア地域、パラオ共和国最大の島。第一次世界大戦後から日本の委任統治領。太平洋戦争における海軍の作戦拠点。

として、俵を担いで椰子《やし》の木によりかかったまま死んでいる。それくらい惨めな戦場だったといいます。その小屋はじつに惨憺たるもので、海軍の兵士はみんな死んだ。

パラオ本島も同じでした。パラオの場合は陸軍のほうはまだ、衛生兵もいるし、自給もし、現地召集の兵士もいるから、自分の家に行ってサツマイモを持ってくるといったこともありましたが、陸に上がった海軍の兵士たちは本当に、誰がいて、いつどう死んだかわからない状況だった。あれはひどい、とそこから生きて帰ってきた人が教えてくれました。

それで私は、ガダルカナルとパラオでそういうことがあったと知っていますけれど、でも、戦争を始めた人たち、一種のメンツとか競争みたいなもので開戦に踏み切った人たちは、こうした最悪の事態を全然、考えていない。最悪のときに一番末端にいて、自分たちの間違えた判断の犠牲、つまり、アメリカ軍などの敵による犠牲ではなくて、味方の、それも信じて尊敬していた上層部の判断の犠牲になって、惨めな死に方をしていった人たちのことは、考えもしていない。そういう犠牲を、戦後もかえりみていない。彼らの念頭にはないのだ、という感じがします。

戸髙　海軍はとくにメカニカルというか、個人の能力だけでは戦えない組織なので、組織のほうに責任があって、個人にはない、という意識がずっとありますね。ですから、何か失敗しても「それは部署の失敗であって、私の責任ではない」というセンスが根底にある気がします。やはり責任というものは、どこかの段階で個人に行かなければいけないものだと思いますし、そういったところがないものだから、何があっても、どんな失敗をしても、「これはまずかったねぇ。でも直接は、私の責任じゃないから」とみなどこかで思っているんですよ。こういった感覚がどんどん、被害を拡大している。真剣味が足りなかったところですね。

半藤　私もそう思いますけれど、海軍は、というよりむしろ、軍隊というものの責任ですよね。軍隊というもののの、それを指揮をする人たちが、末端の人たちのことなんか全然、考えない。それこそ、一銭五厘の葉書(17)で連れてこられる。

澤地　「軍馬より、おまえらのほうが安い」と。

半藤　まさにその言葉が示すとおりなんですね。海軍がどうのこうのではなく、軍隊というものがそういうものなんだ、ということだけは、はっきりと言える。そしてそれは、これからもそうだと思います。

戸髙　末端の兵隊のことを考えて戦争はできませんから。そういう意味で、だからこそ、戦争はしてはいけない。戦争というものは、開戦決意をした瞬間に、国家指導の敗北だと思います。武力衝突を回避しながら、自国の意思を通すというのが外交であり、国家間の戦いです

(17)　戦前に葉書の値段が一銭五厘だったことから、実際の召集令状は葉書ではないが、安いもののたとえとして慣用句となった。

よ。戦争をしないためのはずの軍隊が戦争をしてしまったら、それ自体が敗北だと思いますね。

半藤　そう思わないといけませんね。軍隊そのものは抑止力として、戦争をしないための力としての存在であるのに、それを、軍隊のほうが率先して自らの判断で「戦争だ」と言うのは、そのときに、負けたんです。

澤地　史料を調べていますと、いまは名前を言うことはできないけれど、国のトップのほうにいた人が自分の息子が軍隊にとられて、しかも特攻要員[18]になりそうなときに、大将クラスの人に手を打ってもらって、その息子は軍隊に行っても特攻要員にならず生還した。これが、人間のやることなんですよ。軍令部だとか威張ってみても、そこには必ず不正があって、上のほうの人たちはだいたい、不正によってつらいことから逃げる。

それで、逃げることができなかった本当に弱い立場の人たち、しかもその人たちは、敵国側から見れば侵略者

(18)　特別攻撃。太平洋戦争で日本陸海軍は、飛行機や舟艇などに爆薬を装着して敵艦隊などに体当たりする攻撃を行う特別部隊を編成した。

であって、そして戦争が終わったときには、BC級戦犯(19)として絞首刑になったりしなければならないような運命を背負っている人たち、そういう人たちを出した責任というものを、誰も問われない。ということは――そこがとても難しいんですけれど――、じゃあ、陸軍は、六人が絞首刑になったから責任をとったのかというと、それは違いますよね。

半藤　違います。

澤地　そんなことではない。せっかく反省会をやったのなら、もう少し、人間的な痛みというものがあってほしかったですよ。

特攻計画への決断

澤地　私は、特攻出撃で遺された妻や母、それから人間魚雷「回天」の遺族にも会ったりして、いつも遺され

(19)　戦時国際法の示す「通例の戦争犯罪」や、戦中の殺害、虐待など「人道に対する罪」について、第二次世界大戦後に各国別軍事裁判で裁かれた戦争犯罪者。A級戦犯は、戦争の開始、遂行などを主とした重要戦争犯罪者であり、極東国際軍事裁判で裁かれた。↓東京裁判、142頁(4)

人間魚雷「回天」↓24頁(24)

た人たちのところを歩いています。仕事ですから、どんなにみなが悲しんでいるか、忘れられないでいるかということを聞いてきました。最後の「回天」の出撃の様子なんて、見送る妻には潜水艦が見えるだけです。潜水艦から一度離れたら、帰る方法がないんですから、こんなむごい死刑執行はないですよね。それがみんな、「お国のため」という名目でやらされた。本当に、死んだ人たちもつらいだろうけれど、遺された人たちの悲しみ、つらさ。それが、この反省会の人たちのところにはないですね。伝わっていない。

戸髙　そのことでは、反省会では鳥巣さんの発言で、わずかに接点がありますね。

半藤　自分からこの話題を出していますからね。

戸髙　反省会ではこの部分以外、兵士を送る苦しみというものはあまり出てこないんですね。ほとんどのメンバーが、そういったシビアな立場に立たずにすんでいる。

鳥巣建之助→23頁(23)

澤地　そんな無責任なことは、やってもらいたくないですね。死んだ人がかわいそうすぎます。きちっと練られた国策の下、やむを得ずこれしかない、ということで始まった戦争で、知恵の限りを尽くしてやった戦闘のなかで死んでいくのなら、これはやんぬるかな、かもしれないけれど、「あぁ、あそこのところがおかしかった、あはは」ですまされて、殺されるのはたまらないと思いますね。

半藤　鳥巣さんは、特攻の問題をかなり追及していましたね。

澤地　鳥巣さんは頑張ったとは思いますよ。

半藤　頑張ってましたよね。答えのほうは曖昧模糊としたものになってましたけれど。特攻については明らかに、海軍が先に決めているんです。この点だけは、陸軍より海軍が先ですよ。しかも、昭和一九年二月です。とにかく早くから考えだしていた。

戸髙　その春には特攻のプランができているんですよ。

半藤　そうです。飛行機に爆弾積んで突っこませる神風特攻ではなくて、「回天」や「震洋」、「桜花」などの特攻兵器[20]については、昭和一九年二月ころに、黒島亀人[21]——この人は、開戦時に連合艦隊の作戦参謀だった人ですが——という軍令部の二部長、つまり戦備担当の部長が、特攻兵器の研究をやっているわけです。ですからそのときに、澤地さんがおっしゃるように、出したなり帰ってくる手段を持たないような兵器を、責任のある人が作戦として構想しているのです。本当に非人間的です。そして、それを、海軍中央は平気で認めているんですよ。

戸髙　黒島さんは特攻作戦を、昭和一八年のうちには考えていたようです。一九年一月に、先ほどの土肥一夫さんが、軍令部に転勤したんです。それで、転勤してみると、黒島さんにいきなり、次の作戦は体当たりでいくんだと言われる。黒島さんがもう言っているんです。

(20)　「回天」は人間魚雷。「震洋」(海軍での呼称。「㈣《マルヨン》艇」とも)はモーターボート、「桜花」はロケットグライダーを使用したもの。

(21)　(一八九三—一九六五)44期、元少将。一九三九年連合艦隊先任(首席)参謀に就任、山本五十六司令長官のもと、真珠湾攻撃、ミッドウェー攻略の作戦立案をする。四三年軍令部第二部部長(四五年まで)、特攻兵器開発に関わる。

土肥一夫→6頁(3)

澤地　山本五十六は戦死しているし、アッツ島[22]は玉砕[23]しているし、戦局は日に日に悪くなっているところではありますけれどね。

戸髙　土肥さんは、これはどういうことかなと驚いた、と。最初は、「そのくらいの気持ちでやる」という話かと思ったらそうではなくて、「本当にぶつかるんだ」と言われて、びっくりしたと言っていました。昭和一九年一月ですよ。土肥さんの話では、一八年の夏に、黒島さんが軍令部に着任してから間もなくそういうことを言っていたらしい。本当に、海軍というのはあまりにもシステマティックで、人間個人の命というよりも、「あぁ、これはこうやったらいいんじゃないか」といったようなことが、パタパタと機械的に進んでいく。

澤地　人間だと思っていないのね。

戸髙　そういう面はありますね。兵隊は、体当たりする係だというような。ただ、部隊などはつくるけれども、

(22)　米国アリューシャン列島の小島。一九四二年に日本軍が占領、翌年米軍の攻撃を受け日本軍は全滅。

(23)　太平洋戦争中の大本営発表で、戦地での部隊全滅に対して使われた表現。

当初は、最初の一回だけは命令で出したくはないと思っている。最初の一回だけは、志願の形をとりたいと。昭和一九年の八月には、「桜花」の乗員、つまり特攻隊員を募集していますが、とにかく一応は志願を求めている。やはり、命令できるような作戦ではないことを、充分認識しているのです。

半藤　それがどんどん計画として進むわけですよね。真珠湾攻撃で「甲標的」(24)という特殊潜航艇を五隻出しましたが、開戦前、山本五十六はそれを許可しなかったんです。帰る手段がない、と。帰る手段がない作戦計画はありえない、十死零生というのはありえない、あってはならないと。帰る手段がない作戦は、指揮する人間として命令してはならないことである。責任ある人間のやることではない、というので許可しなかった。責任のとれない作戦は命令すべからず、これは、いくら戦争とはいえ、基本の常識です。ところが、それをパッと無視して、

真珠湾攻撃→ハワイ作戦、61頁

(54)

(24)　一九四一年真珠湾攻撃で初めて使用された。

昭和一九年二月に特攻兵器を作りはじめるわけです。しかも、システムとしてです。これが変なんだ。

戸髙　自分が決めたという意識を誰も持っていない。これは組織が決めたんだ、そういう意識だからできるんです。

半藤　だからできるんだね。「俺じゃないんだ」とみな思っている。

澤地　自分の息子がそれに行くんだ、ということを考えない。そういうふうに考えたら、「なんてひどい作戦だ」と誰もが思うはずですよね。

半藤　新兵器を使って体当たりという作戦計画が具体的になるのが、昭和一九年七月です。マリアナ諸島(25)が、いよいよサイパン島がダメになる、グアム、テニアンがダメになる。そうなるともう、日本本土空襲は必至です。上から本土が攻撃されたら、戦力的にも疲弊しますし、国民の気持ちも萎えてきます。それではもう戦争に勝て

(25)　北西太平洋、小笠原諸島の南に連なるミクロネシア北部の諸島。北部のサイパン・テニアン島などは第一次世界大戦後、日本の委任統治領。一九四四年七月米軍の攻撃を受け、日本軍は全滅。

ないというので、なんとしてもマリアナ諸島はとろう。それで頑張った。でも、ダメだった。

すると昭和天皇は、なんとか奪還できないのかと、六月二五日に元帥会議[26]をやるんです。そのときに、体当たりという案を持ちだすんです。けれど、天皇は許可しない。というのは、天皇は会議のときは発言しないということになっていますから。黙って出ていってしまうということは、許可しなかったということです。

ところがその後、天皇がいないところで、その元帥会議に出ていた最長老の伏見宮——当時は軍令部総長ではなく、すでに元帥でした——が、何か特別の手段を講じてやる必要があるのではないか、と言うんです。それで、元帥会議は、「特別な手段を実行するときが来た」というふうに決めてしまう。元帥会議が決めた、というので軍令部と参謀本部も喜んで、それからいわゆる特攻隊が構想されるんです。なんと言いますか、日本の国という

(26)　元帥府に機関として会議は設置されていなかったが、一九四四年六月二五日に召集され、昭和天皇の諮問を受けた。↓元帥、34頁(6)

伏見宮↓33頁(4)

のは、最後の判断は結局、上の人が決めてくれると楽なんだね。

戸髙　誰かが責任を負わなくてすむ、そういうことですよ。それと、半藤さんは六月に体当たりを考えた、と言いましたが、私は、このマリアナ決戦で特攻を使おうと思っていたのではないかと思っています。マリアナ、サイパンは、当時の絶対国防圏ですから、これを死守するために「回天」や「桜花」といった特攻兵器を開発していたわけですよ。しかし、完成しないうちに米軍が来襲して日本は負けてサイパンを奪われてしまう。もし、順調に特攻兵器が開発されていたら、マリアナ沖海戦で、特攻攻撃が実行された可能性はあります。もちろん、これはもう、正式の部隊として、上からの正式の命令でやるんですよ。

半藤　一番上の人が決めてくれたんだから、それならやろうじゃないか、というふうになるんでしょうね。

5 海軍反省会が伝えるもの

本名進元少佐「相当な者が、本当に、日本の自存自衛のために、日本の独立を守っていくためには、戦争をせざるを得ないんだと、そういう考えで戦争に走ったと思うんですよ。そうじゃないんでしょうか」
大井篤元大佐「それだと非常にいいんですがね、そうじゃないから問題になってるんですよ」
本名元少佐「何の勝算もなしにですね、名義のない、強盗侵略戦争をやったということが、事実なんですか。それを、われわれは認めるわけなんですか」
大井元大佐「負けると思ったほうは、内乱を恐れてやったと。内乱を起こそうという連中はですね、勝つと思っていたわけです」(第一〇回、一九八一年)

「軍令部はその内乱が起こる、内乱が起こったってね、海軍が反対すれば結局、戦争にならない。あれだけの人を殺して戦争するよりも、そういうことで若干譲歩してね。そういうことが足らなかったんじゃないかということは、反省していいと思うんだ、当然」――保科善四郎元中将(第一〇回、一九八一年)

1945(昭和 20)年 4 月，沖縄特攻作戦に向かう途上，米軍の攻撃を受け沈没した戦艦「大和」の爆煙．

責任の所在

――いろいろな側面で、現在の社会や組織に似ていると いったお話がありましたが、海軍反省会という存在がいまに伝えているものは、具体的にどういうものでしょうか？

戸髙　私はこの海軍反省会からは、歴史というものは、たとえば明治時代が終わったら明治が終わるというものではなくて、生きている人間がずーっとつながっているものなんだ、ということを感じさせられましたね。昭和一〇年代には海軍の中堅幹部だった人が、昭和五〇年代に体験を語っているという事実が、歴史というものは本当に、過去完了ではなくて、ずっといまもつながっている、これからもずっとつながっていくものだ、ということを、その内容とは別に、反省会の存在について感じました。

澤地　まったく、戸高さんのおっしゃるとおりですね。昭和二〇年の八月一五日という日を境に何かが終わったのではなくて、流れはずっと続いてきているんだな、ということを思いますね。

それと、いまも私たちの国にあることですけれど、「極秘事項」と言って、秘密ということにしてみんな、それぞれの組織が抱え込んでいるために、明るみに出されない。論議の的になるということもなく、戦争が終わってから何十年もそのまま来てしまった。だからやっぱり、史料の公開ということをよほど大事に考えなければいけないな、と思いました。これは、みなが言いたいようにしか話をしていないとしても、肉声で当事者が語っているということでは、やっぱり史料の一つとしてはたいへん貴重ですね。

半藤　およそ組織と名のつくところは、どんなことでも何か大きな失敗があったというときには、これは大事なことだから、将来に教訓として伝えるためにしっかりと、どこにどういう原因があったかを明らかにして残しておこうと、必ず討議をします。しかしながら実際には、一回たりとも残すということをやったことはないです。私が勤めていた出版社もしかり。他の組織に聞いてもおよそ、失敗についてきちっと反省をして、文書に残して、これはこういうところが間違っていたと後の人のために伝える、ということをしていませんね。日本の組織は、これは不思議なくらい、しませんね。

勝利体験というものは、みんなして誇って、それを伝えますけれど、失敗体験というものは、これは隠します。責任者が出るということを嫌うんですね、日本の組織は。私もずいぶん長いことサラリーマンをやってきましたけれど、失敗したときには、一つとしてきちんとした記録として残したことがないですね。要するに、残すと責任者が出てしまいますからね。

その意味では、この海軍反省会は、澤地さんがおっしゃるように何十年も、二〇年も三〇年も経ってからおこなわれたものだけれど、よくやった。きちっと残されたという意味では、敬意を表します。ただ、残念ながら、しょうがないところがあります。もっとちゃんと議論を突っ込んでやっていたら、特攻隊の問題にも、なぜ、これがどういう形で発案されて、誰が遂行していったのか。大西瀧治郎(1)という中将だけに責任をかぶせるのではなくて、組織としてやったことですから、そこのところをきちんとやるべきですよね。話だけは反省会でちょこっと出ていましたけど、残念ながら、きちっと、それこそ反省をしていませんね。

澤地　私みたいな異分子を入れて、そういう人が質問をするというような、オープンな反省会ができるように

(1)（一八九一―一九四五）40期、中将。第一一航空艦隊参謀長などを経て、一九四四年一〇月、第一航空艦隊司令長官として最初の特攻、神風《しんぷう》特別攻撃隊を指揮。

ならなくては嘘ですね。でもそれだと、誰か責任者、けが人が出ることになって、自分がそれになるかもしれない。それは嫌なんだろうと思う。だけど、それをやっていかない限り、いつになっても同じことを繰り返すのではないですか。

半藤　そうですね。失敗ほど教訓を多く含むものはないんですよね。

戸髙　本当にそうですね。太平洋戦争で何百万という人が死んだ経験、こんな経験は、これからあろうはずもないし、あってはいけないです。そういう経験はもう、あってはならないんで、だからこそ、この戦争の歴史を勉強しなければいけないんですよ。何度もあることだったらまた勉強すればいいけれど、そんなことはありえないし、あってはいけないのですから。何百万の命で得た教訓を無駄にしてはいけない。そういう意味でたとえばアメリカは、真珠湾攻撃で大被害を受けて、この被害に対する責任の所在を追及するレポートを出した委員会(2)というものがあるんですよ。

澤地 ルーズベルト大統領(3)の、真珠湾攻撃の責任を問う裁判をやってますね。

戸髙 そういうところが、日本とアメリカとの違いです。あちらが良くてこちらが悪い、という意味ではなくて、やるべきことをやる、責任者をきちんと出す。日本には、責任は組織にではなく、人間にある、という体質がなかった。このことが大きな問題の一つでしょうね。

半藤 アメリカは、真珠湾攻撃のことは、戦争中にすでにやっているんですよ。なぜ日本に奇襲されたのか、と。これを戦争中にやってあるから、東京裁判(4)の判決のなかで、真珠湾奇襲攻撃は一つも追及されていないんです。日本の真珠湾攻撃を本当は、アメリカは徹底的に犯罪として追及するつもりだったんだけれど、連合国側は、アメリカが持ってきた資料をみると、なんだ、アメリカ

(2) 一九四四年設置の、米国議会上下両院合同の真珠湾調査委員会。

(3) Franklin Delano Roosevelt (一八八二―一九四五)米国第32代大統領(一九三三―四五)。

(4) 極東国際軍事裁判。日本の戦前戦中の指導者を主要な戦争犯罪人(A級戦犯)として審理。一九四六年五月開廷、四八年一一月に判決。

の指導層はみんな日本が攻撃をしかけてくることを知っていたんじゃないか、とわかったんです。というのも、戦争中に彼らはもう責任追及をやっていた。欧米諸国というか、歴史を大事にする国はみんな、きちんとそういうことをやっている。日本人は、歴史を大事にしない国民なんですね。ですから、反省をして、きちんとした文章にして残すということは、いままで聞いたことがないですね。

歴史を学ぶということ

――NHKによる戦争関連の八月の番組はいつも、視聴者層が六〇―八〇歳くらいですが、今回の反省会の番組では三〇―四〇歳代の年齢層の人に多く見られていました。今回のようなテーマでなぜ、それくらいの世代が反応したのでしょうか。

半藤　これは、戦後の教育が悪かったんです。ひと言でいえば、歴史教育をしなくなった。正確にいえば、昭和二〇年一二月三一日にGHQ(5)からの指令(6)で、歴史と地理と修身(7)の授業を廃止しろということになった。それで、授業廃止が決定するまで、それからは細々と教えるために教科書に墨塗り(8)をしました。そういった戦後教育の始まりから六〇年経ってまだ、日本の近代史をきちんと教えるということができていない。だから、反省会のようなものがテレビで放送されると、「えーっ」という感じで見るんじゃないですか？

「学校で近代史を教えろ、昭和史は大事だから教えろ」という声は出ます。私なども「ご意見はいかがですか」と聞かれますが、その通りだと思う。ただし、できません。なぜなら、教える先生がいない。この理由の一つには、戦後の日本の占領期間(9)が六年あった。これが長すぎましたね。

(5)　戦後日本を占領した連合国軍総司令部(General Headquarters)。初代最高司令官はダグラス・マッカーサー。
(6)　覚書「修身、日本歴史及び地理停止に関する件」により上記授業のほか、教科書改修・改訂を指示。
(7)　旧制小学校の教科。天皇への忠誠心のほか、孝行・従順・勤勉などの徳目を教育。
(8)　終戦直後、国威発揚などの内容の教科書の記述を、墨で塗り消した。
(9)　太平洋戦争が終結した一九四五年八月一五日から、五二年四月二八日のサンフランシスコ講和条約発効まで。

澤地　でも、そういうことを知りたいという渇望がある。いまはそういう時勢なんですよ。考えてみたら、戦争はダメとか、憲法はどうだとか、世の中ではいろいろ言っているけれど、しかし自分は何も知らないなと思っている三〇代、四〇代の人たちが最近、いるのではないですか。知らないことに気づくのは、私はとてもいいことだと思います。大岡昇平(10)さんは、「戦争を知らないのは半分子供だ」と言っておられるけれども、まさか四〇歳の人に「あなたは子供だ」とは言えない。だから、批判することを言いたいときには、大岡さんのこの言葉を引っぱってくるんです。でも、自分が知らないことを自覚していて知りたいという人にとっては、この反省会は見ておきたい、ということだったと思う。

一〇代の人についてはまったく、戦争があった時代には生まれてもいないし、その両親も生まれていない。彼らの祖父母の代が戦争中に少年少女だった、というくら

(10)　(一九〇九―八八)作家・評論家。一九四四年出征、翌年フィリピン・ミンドロ島で捕虜となり、その経験から四八年『俘虜記』を発表。ほかの作品に『野火』(ともに新潮文庫など)、『レイテ戦記』(中公文庫など)。

い時間が経ってしまっているわけです。

特攻出撃の番組ニュースで「海ゆかば」(11)の音楽が流れましたが、あれはじつに悲しいメロディですね。もともとは日本の古くから伝えられてきている長歌で、「海ゆかば水漬《みづ》く屍《かばね》、山ゆかば草生《くさむ》す屍、大君《おおきみ》の辺《へ》にこそ死なめ」という詞です。実際にミッドウェー海戦があった海域に行ってみれば、敵と味方が三四一九人、一緒に海に沈んで、そのうち一人の遺体も上がってこないというところ、それは、文字通り「水漬く屍」になったわけです。

人生が一五歳で終わったということ、一七歳で死んだアメリカの少年がいたりするんだということを、いま一五歳、あるいは一七歳の自分の人生と重ねて、自分がそういうことになったらどうだろう、と考えてみてくださると、戦争が、何か天の上みたいな第一委員会とか海軍の偉い人の話ではなくなる。まぁ、海軍の偉い人たちの話ではあるけれど、でも戦争というものは、結局は、軍

(11) 日本の軍歌。歌詞は『万葉集』大伴家持の長歌。

令部のなかだけで終わっていないんです。戦争というものはみんな、逃れるところがないんです。とくに、この社会はそうだったんですよ。逃げるところがなかった、そういうなかで死んでいった多くの人たちに自分を重ねてみること。若い一〇代の人たちにも考えてほしいと思いますね。

戸髙　これは、歴史の教育というと大袈裟ですが、誰も知らなかったところにこの反省会の情報が提示されたことにインパクトがあったと思いますね。歴史というものは、私たちは普通は古代から時系列に沿って流れているという感覚ですけれど、私は少し違うと思うんです。歴史の何が大切かというと、過去の歴史が、いまの自分、いまの社会にどう影響しているか、それを知ることだと思うのです。ですから、一番近い現在からさかのぼって、なぜ、現在の状態になっているのか、の答えを、過去の事実のなかに探すのが、歴史研究だと思います。

ちょっと話がずれますけど、徳富蘇峰《そほう》が(12)『近世日本国民史』を書いたとき、そもそも彼は、明治史を書きたかったんです。でも、明治史を理解するには、江戸時代がわからなければならない。それで江戸時代をやろうとする。ところが、江戸時代を理解するにはその前の時代だ、というので、安土桃山から書きはじめます。もともとは明治史の前書きなんですよ。それが明治の前段階としての江戸時代を書き終えるために、徳富蘇峰は五〇巻を書いたわけです。これが、歴史の理解の仕方、考え方だと思いますね。自分に直結した歴史から書かなければいけないという、それが「なるほど」と人をうなずかせる背景にあるのではないですかね。

(12)（一八六三―一九五七）ジャーナリスト、著作家。『国民之友』『国民新聞』を発行し、平民主義を提唱。日清戦争以降は帝国主義を説く。著作に『近世日本国民史』(講談社学術文庫)、『吉田松陰』(岩波文庫など)。

次世代へ伝えたいこと――私の戦争体験

歴史から人間を学ぶ――東京大空襲の夜

半藤　私は昭和五年、一九三〇年の生まれです。澤地さんと同じですけれど、私はちょっとお兄さん、五月生まれです。東京の、隅田川の向こう側、向島というところで生まれました。そこで育ったのですが、当然のことながら、戦争体験といえば、生まれた時から戦争なんです。昭和六年の満州事変から始まるわけですから、私の周りでは戦争ばかりあったと言ってもいいと思います。物心ついて自分で世の中のことがわかりだしてからはもっぱら、「勝ってくるぞと勇ましく」と歌って、日の丸の小旗を振って出征兵士を送っていました。戦争というものが私のなかでは、はじめから周りにあったということが、不思議ではなかった。それが日常ですからね。

でも、私の父親が妙な人で、「自分が子供のときから、この国はとんでもない国なんだ」という調子で、私に教えてくれたような人でした。それで、対米戦争が始まった昭和一六年一二月八日の朝に、「これで日本はダメになるよ。おまえ、ダメになるから、そのつもりでいろ」、なんてことを言った親父だった。変なことを言う親父だな、と思いましたよ。「なんで、ダメになるんだ」と言うと、「負ける」と言うんです。そんなことは大きな声では言えないけれど、負ける、勝てるはずがないんだ、というわけですよ。でもね、私は勝つと思った。そんなに軍国少年ではなかったんです。それでも、日本は勝てるとは思ってましたね、恥ずかしながら。

澤地　でも半藤さん、神風で勝つなんて思ってなかったでしょう?

半藤　そんなことは思っていない。神風特攻のころは、さすがの私も負けると思ってましたよ。勝つと思っていたのは最初のうちだけです。

昭和二〇年三月一〇日の東京大空襲がありましたが、その前の年に、中学二年生の一一月だったと思いますが、勤労動員で、零式戦闘機の、20ミリの機関銃の弾をつくっている大日本兵器産業という会社に動員されまして、まだ中学二年生ですから、旋盤を回すとかいうことはできませんで、検査のほうにまわされました。私が受けもったのは、弾丸につける薬莢《やっきょう》の検査です。20ミリの機関銃なんてこんなにでかいんですね。実物を見て驚きました。

それでそれからは、ほとんど毎日のように空襲が始まりまして、工場も爆撃されました。だから空襲体験は、本当にたっぷり味わいました。雪の日にＢ29の大空襲がありまして、Ｂ29が見えないのに、高射砲の音と、シュルシュルシュルシュルという爆弾が投下される音だけが聞こえたときは、おっかなかったですねぇ。

澤地　Ｂ29が見えないというのは、高空だから？

半藤　いえいえ、雲で覆われているから。雲の上から落としているんです。向うはレーダーで下を見ている。ですからもう、恐ろしい音だけが雲を突き破って聞こえてくる。とにかくおっかなかったです。二月二五日ごろだったですかね。それで、いよいよこれは身近に迫ってきたなと思っていたんですが、まさか、自分の家が空襲に遭うなんて思っていなかったですね。楽観主義でしたから。

三月一〇日、この日に突然作戦を変えて、大編隊ではなくて、一機一機の単機による低空の焼夷弾攻撃が始まったんです。しかも三百機以上が攻撃してきました。三月九日から一〇日に変わる夜中の一二時ごろに空襲警報がありまして、親父と二人でいたんですが、親父が「おぉ、起きろ」と。母親や私の弟妹たちは、まだ小さくて疎開しておりましたから、東京に残っていたのは父親と私の二人だけでした。起きていったらもう、南の深川のほうが真っ赤でした。それで、「これは、ただごとじゃないよ」と言っているうちに、西の神田・浅草のほうが焼夷弾でやられて、また火が上がった。東の城東区というんですが、こっちのほうにも火が上がりまして、東と西と南の周りがダーッと火の海になって。

防空壕のなかに入ったってしょうがないんです。下町は海抜より下にある土地ですから、三〇センチくらい掘るともう水が湧いてくるんです。だから、「防空壕は一メートル以上掘れ」とか「少なくとも八〇センチ掘れ」とか言われてましたけど、そんなもの掘ったら水だらけになってしまいますから、二五センチか三〇センチくらい掘って柱を立てて土の屋根を上にかぶせているだけなんです。だから、つくってはありましたけど、役に立たないんですよ。

それで、防空壕の上で眺めていたら、B29が一機、本当に低い低空で頭の上を飛んでいった。B29というのは、高高度で一万メートル以上の高さを飛んでいると、きらきら光ってきれいなんですよ。飛行機雲を引いてね。なんてきれいな飛行機なんだろうって、感服するくらいでした。それがまさに頭上に来たら、でかいなんてもんじゃない。それに、汚いんですよ。エンジンの周りが、油のせいで真っ黒なんですよ。「なんだ、こんな汚いものか」と思っていたら、それが仰ぎ見ている目の前を通過した途端に、頭上でパーッと焼夷弾が破裂いたしまして、三六発の焼夷弾が一気に。電車が頭の上をダーッと通るような音でした。バババババンと落ちましてね、親父と二人で防空壕から転げ落ちました。あとで朝になって見ましたら、私たちが寝転がった二メートルくらいのところに一発落ちていましたね。もしそれに当たっていたらイチコロでした。

私たちは、焼夷弾は消せると上から言われてました。本当はあんなもん、消せるはずないんです。でも、そのときは消せると思っていましたから、消火にかかったんですね。自分の家の屋根が燃えたのは、二階まで上がって消しました。ところが、降りてきたら周りは火の海なんです。北のほうに焼夷弾を落とされまして、周りを見たら周りじゅう火なんです。そういうふうに見えたんですね、煙がすごかったですからね。火よりも煙のほうがすごい勢いで。

北風が強い日でしたから。本当は北の風上のほうに行けば、すぐに助かったと思いますよ。荒川放水路という高い土手がありましたから。でも、その渦を巻いて叩きつけるような煙と炎のなかを突っ切る勇気は、子供だからありませんでした。父親はその直前くらいに、「早く逃げろ、消してなんかいたらダメだ、早く逃げろ」と言って、先に行っちゃったんです。冷たい親父でね、本当に。先に行っちゃったのを知ってたんですが、私は火を消してたんです。

澤地　半藤さん、一人で消していたの？

半藤　いや、四人くらい。同じくらいの仲間とバケツをもって。それで、私の家の火は消えたんですが、周りはとんでもないですよ。それで、逃げなければならないとなりましたが、北風に煽られて叩きつけてくる火と煙はすごかったですね。南のほうに逃げ出していかざるをえなくなったんですが、風向きで猛火と煙がどんどん追いかけてくる。自分の背中が燃えているのを知らなかった。「おい、そこにいる中学生、背中が燃えているぞ」と言われたから見たら、背中が燃えているんですよ。それで慌てて鉄兜を脱いで、背負っていた鞄を下ろした。まじめな生徒みたいに見えますけどね。

澤地　救急鞄ですか？

半藤　いや、学校の鞄なんですけどね。なかには教科書ではなくて、メンコがたくさん入っていたんです。それで、鞄をとって下ろして、それがよかったんです。そんなの背負っていたら、あとで危なかったんです。燃え上がったチャンチャンコと鞄を下ろして身軽になって、それで南へ南へと逃げていったのですが、その南のほうはもう火の海です。それで途中で、右に行くか左に行くか、ということになった。右に行くと隅田川です。ここは、たくさん人が死にました。隅田川に行っていたら、私も危なかった。
左に逃げたんですが、中川という川の縁まで逃げたんです。足が速かった、火のほうが遅かった。それで「ここでいいや」って川のほとりで思ったんですけれど、止まっちゃいけません。『七人の侍』という黒澤明の映画がありますけど、あのなかで加東大介が演じた侍が百姓たちに、「戦というものは、走るだけ走れ。走れなくなったのは死ぬときだ」といったことを教えている。あの通りですね、止まっちゃいけませんね。ところが、そこでもう安全だと思って安心したのが運のつき。午前三時ごろでしょうかね、ものすごい勢いで火と煙がダーッとかぶさってきたんです。火はかたまりとなって降ってきた。

澤地　強い風が起きるんですね。風向きも変わるんですね。

半藤　そうなんです、風が猛火を起こすんです。ものすごい火のかたまりです。たくさんの人が集まっていましたから、阿鼻叫喚《あびきょうかん》の巷《ちまた》になってしまいました。それで私は、橋の向こうに逃げようと橋を渡ったんですが、橋の向こうも火の海なんです。じつはまだ逃げられる余地があったんですが、あっちはダメだとしか思えなかった。他の人も右往左往していまして、そのまま橋を渡って火の中を突っ切っていった人もいましたけど、私は橋の真ん中に立ち止まってどうしようかと思っていたら、向こう岸の人が舟を出してくれたんです。

「乗っていいんですか?」と聞くと、「乗れー」と言うんで、橋桁《はしげた》を乗り越えて舟に降りました。それで、舟に乗って助かったと思ったんですが、川の中にどんどん飛び込む人がたくさんいるので、舟が救いにかかったんです。私も中学二年生ですから、微力ながら二人救いましたね、自分の記憶にあるのでは。

澤地　重たいでしょう。

半藤　手に摑まってくれて、大人と二人でヒョイと持ち上げると、ヒョイと舟に上がります。それで三人目の太った女の人を助けようとしたら、手に摑まってくれないで、肩を摑まれた。軽い私はストーンと川に落ちちゃいまして。水の中はすごい状態でした。人があっぷあっぷ、足を引っ張ったり手を引っ張ったり。自分でもよく覚えていますが、川の中ではどっちが水面かわからないんです。一メートルくらいのところで溺死する人がいますよね。立てば何でもないじゃないかと思いますけど、立てないと思いますよ。真っ暗ななかでは、水面がどちらかわからないから。

どうしようかと思ってあっぷあっぷしていたら、ゴムの長靴を履いていたんですが、それに水が一杯入ってポンと脱げちゃった。そうしたら、その長靴がゆらゆらゆらと落ちていくのが見えたので、「そっちが底だ、こっちが上だ」と泳いで水面にやっと顔を出したら、舟がそこにいましてね。さっきとは別の舟でしたが、ヒョイと私の襟首をつかんで上げてくれまして、助かったんです。

岸でも川の中でも、たくさんの人が死にました。舟の上で見ていますと、岸辺に赤ちゃんを連れた女の方が、飛び込む勇気もないし、どうしようもない、子供を抱いて、本当にうずくまっているんですよ。そこに火がバーッとかぶさって、人間っていうのは煙でまずコロッと倒れますね。そこに火がなめるようにかぶさって、あっという間に炭俵のように燃えちゃいます。女の方はとくに、髪の毛がすごい勢いで燃えました。そういう状態を、舟の上で見ました。「飛び込めー、飛び込めー」と叫びましたが、聞こえませんでしたでしょうね。もっとも飛び込んでも、舟は満員でしたから、どうしようもなかったかもしれません。川の中でもたくさんの人が溺れ死んでしまいました。

結果的には私は助かりましたけれど、本当にたくさんの人が目の前で亡くなりました。私自身も危なかったのです。水をガブガブと二杯くらい飲んだのを覚えてます。三杯飲むと危ないというんですが、二杯ですんだんですけどね。あんまり言いたくないんですが、要するに、生きるために人を蹴った。蹴飛ばさないと自分が引きずり込まれますからね。生きるために人を蹴飛ばしたみたいですね。

澤地　それくらい大勢の方が、川の中にいたということですよね。

半藤　流されてきますからね。中川では三千人ほどの人が亡くなったと、あとで知りました。

澤地　でも、よく舟を出す人がいましたよね。

半藤　それはね、偉い人がいた。舟が五艘も六艘も出ましたよ。いまそこに行ってみると、護岸工事もされていて、川は狭くなっているし、こんなところで俺は死に損なったのか、と思いますね。

それで、生き残ってとぼとぼと家に、朝の九時半か一〇時くらいに帰ったんですよ。北風が強くて、びしょ濡れですから、寒くてしょうがないんですよ。火はたくさんあるから乾かすことはできたんですが。靴を脱いじゃったんで、靴下だけ。でも、それじゃ焼け跡は歩けないんです。どうしようかと思っていたら、どこかのおじさんが「坊や、これを履いていけよ」と。飛び込んだ人の靴でしょうねぇ、サイズはだぶだぶでしたけど、その靴を履いて家に帰りました。

でも、家ももう丸焼け。おもしろい話ですが、家に帰ったら、焼け跡が真っ白なんです。なんだいこれは、と思って足を踏み入れたらパーッと散っちゃって、白いものはたちまちなくなっちゃう。畳なんです。畳の焼けた灰は軽いので、それが上に載っていて、あとはみな下に落ちちゃうんです。その畳の灰が真っ白なんですね。風が吹くと全部飛んじゃいましたけど。

焼け跡でぼーっとしていたら、隣の人が「一利くん、生きていたの」、「うん」なんて言いました。「お父さんが心配していたよ。帰ってこないから、死んだと思って心配していたよ」って。やがて昼ごろかな、親父が帰ってきましたよ。名誉職をやってたもんですから、罹災証明書とか出さなければいけなくて、そういった公的なことがあるんで、私的なことは後回しにしていた。「おう、生きていたのか、よかった」。そのひと言でおしまいでしたけどね。

そのとき何か思ったことはありますか、と聞かれると、たった一つだけ思ったことがある。もう俺は生涯、「絶対」という言葉は使わないぞ。満目蕭条《まんもくしょうじょう》の焼け跡に立ってそのとき思ったんですね。「絶対、日本は勝つ」とか「日本は絶対、正しい」とか「絶対、俺は人を殺さない」とか「絶対、神風は吹く」とか、当時の日本にはたくさんの「絶対」があったんですよ。「絶対」という言葉は全部嘘だと、はっきりわかりましたね。「自分の家は絶対、焼けない」と思っていましたから、焼けることはありえない。ところが綺麗さっぱり焦土になった。そういうようなことから、もう、「絶対」という言葉は使わない。だから私は、いままで自分の文章のなかで、「絶対」という言葉はおそらく一遍も書いたことがない。人が使っているのを引用するときは書きますけどね。言葉では「絶対」は使わないですね。

――戦後編集者として、あるいは作家として戦争のことを書き続けてきた原動力というものは、そのようなご体験にあったのですね。

半藤 焼け跡で、「なぜ、日本はこんな無残な状態になったんだろうか」、「なぜ、このようなことをやったのか」を考えて、「だから、大いに勉強しようと思った」なんて言うと格好いいですよ。でも、私はそんなことを思うほど立派な男じゃございませんでしたから、そんなことは思いませんでした。本当のことを言うと、ただ、ぼーっとしていましたから。

じつは私は、戦争が終わってからつい最近まで長いこと、いまの空襲体験とか戦争の話は、したことも書いたこともなかったんです。それはまぁ、酒を飲んで冗談まぎれにやったことはありますが。それがあるとき、「おまえはやたらに昭和史とか戦争を書くけれども、何も戦争なんか知らないじゃないか。おまえみたいなやつに、戦争なんかわかるものか」と、えらい馬鹿にした言葉を何人かの人から浴びせられたことがあるんです。そのときに、「そんなことはないぞ、俺だって、ちゃんと戦争体験をしているんだ」と思いはじめてから、話をするようになったんです。それまでは、このことを書いたりしたことはありません。

ただ、戦争で三一〇万人の人が虚しく死んで、亡くなって、その犠牲の上に戦後日本はできた、などということが盛んに言われましたけれども、その犠牲者のことを、日本人は本当に思っているかと言えば、私はあまり思っていないと思うんですよね。ですからなおさらのこと、その犠牲になった人たちのためにも、こういう貴重な、そして無謀な体験を何らかの形で残しておく必要があるのではないかと、途中から、二五、六歳のころから思いだしたのが事実なんです。

それで幸い、私が勤めた文藝春秋という会社はおもしろい会社で、自分でそういったことをするのに文句を言わない会社でしたから、仕事が暇になると、こういう反省会に出ているような方々に手紙を出して、会っていただけませんか、ということをやりはじめたんです。だいたいの人ははじめは断っていましたけれど、そのうちにいいよ、ということになって、そうしている間に、昭和史と太平洋戦争のテーマに首を突っ込みだしまして、昭和三一年ぐらいから本格的に取材もし、頑張ってやるようになったんです。

それで、文藝春秋のなかに「太平洋戦争を勉強する会」——いまは「戦史研究会」という名前になっていますが——というのをつくりまして、編集者に呼びかけたら、何人かの人が参加すると言ってきました。その会の活動を会社で認めてもらって、会社からの若干の寄付でもって、戦争当時の人たちに来てもらって話を聞く、ということを始めた、それが最初なんです。はじめは「統制派」と「皇道派」の違いなんかも全然知りませんでしたが、そうしているうちに、どんどんどんどん詳しくなっていきました。「えっ、そんなことあったの」なんていう新しい発見がありましたから、結構おもしろかったですね。

そういったことは会社のなかで誰もやっていませんでしたから、最初はほとんど一人でやっていたみたいなところがありました。当時はまだ日本の国は、「戦争なんてもの、まっぴらごめん」っていう気持ちが強いですから、誰も戦争の勉強なんかしている人はいませんでした。会社のなかでも、私の名前が「半藤」というので、「反動分子、反動分子」って言われたんです。「あいつはおかしいんじゃないか」とか「何が戦争なんだ」と言われたんですが、まぁ、言われても屁でもなかった。

と同時に、先ほども申しました、伊藤正徳さんという人が昭和三七年に亡くなったんですが、私はその伊藤さんの指導をかなり受けていまして、「このまま続けなさいよ」というのが伊藤さんの遺言だったんですね。その遺言を守ったということになるかと思いますけど、結局勉強を延々と続けて今日まで来てしまった。焼け跡でそう思ったと言うと格好いいんですが、正直なところはそういうことではなかったのですが。

——昭和三一年から半世紀以上、何事かを訴え続けていくということは、いまもやる意味をお感じだということですね。

半藤　歴史というのは要するに、年表とかを覚えることではないんですよ。歴史というのは人間がつくるもんですから、つまり、人間を知るため、言い方はおかしいんですが、人間をよくわかるためには、歴史が一番いいんです。私はよく言うんですが、つまり、歴史をやるということは人間学だ、と。歴史学ではなく人間学だと思って見れば、人間というものはいかに、こういう危機のときに周章狼狽して判断を間違うか、自分の命が惜しいばかりに、いかに卑劣なことをするか、そういうことが歴史にはたくさん事例があるわけです。それは、昭和史だけでなく、歴史が全部そうなんです。それを学ぶ、それを知るということは、ものすごく日本の将来のためにいいことだと思うんです。とくに昭和史を学ぶことは、いまの日本人をいっそうよく知ることになります。

私もいい歳になりましたけど、まだわからないことがたくさんあるんですよ。だから、戸髙さんみたいな若い人に託さなければならないことが、ずいぶんあるかと思うんです。やはり、歴史とは連続しているものだし、そのなかにとてもよく人間の本質が出ているものですから、多くの人は知ったほうがいいと思います。そのためにも、イデオロギーにとらわれない、できるだけ公平な歴史、公正な歴史というものを残しておいたほうがいいな、と思っていまもやっています。

無知なる恥ずかしさ――満州からの引き揚げ

澤地　私は九月生まれなものですから、敗戦の八月一五日にはまだ一四歳だったんです。それで、とても恥ずかしいんですが、半藤さんと同じように学徒動員で、私は開拓団に六月一〇日から七月一〇日までひと月、行きました。ハルビン(中国東北地区北部の中心都市)のすぐ近くの開拓団だったんですけど、開拓団というところは、電気も水道もないし、泥の家でした。隣の集落まで行くのに馬で一日かかるというように開拓団がバラバラに入っていて、もともとそこに住んでいた中国農民が、少し離れたところに村をつくって暮らしているのも見ました。

それで、百姓仕事を知らない女学生が二人一組になって開拓団に入った。そんな程度の人手でも必要なくらいに、男という男が全員根こそぎ動員で軍隊にとられていて、開拓団にいないんです。だから、女子供と老人だけ、それも異国の、しかも奪った土地の上にいたんです。そして軍隊はもう、ソ連の戦争参加と同時にずーっと南に下がってしまいましたからね。そういうなかで置き去りになった人がどうなるかということを、私は、七月一〇日に帰ってくるまでの体験でよく知っているんです。

私は当時の満州の吉林（中国東北地区中部の都市）というところで敗戦を迎えたんですけれど、そのときには、陸軍病院の三等看護婦見習いになっていたんです。だから、骨折の治療に使う、いまで言うギプスのやり方とか、軍人勅諭から何とか令まで全部、暗記していた。そういうことをやってる最中に、敗戦になったんです。

ソ連軍が入ってくるというときは、八月八日の深夜だったと思うけれども、パーンという音がして照明爆弾が駅に落ちた。照明弾は本当に明るいんですね。でも、それが何なのかがわからなかった。アメリカの飛行機かな、と思った。そうしたら、それがソ連軍で、主要なところに全部、照明弾を落としたんです。私のいた町は空襲されなかったから、私は空襲体験はゼロなんです。

それで、ソ連軍が攻めてきて、その前に軍隊はどんどん引いていく。野戦病院も移ります。女学校の講堂や校舎全体が陸軍病院に接収されていて、そこが野戦病院になって、私たちはみな役割を割り当てられました。伝染病の教室に行った人もいます。私はおむすびを結ぶ役割で、一生懸命結ぶんで、手が真っ赤に火傷《やけど》するんです。そのうち、頭のいい子が、水で布巾を絞って結べば火傷しないと気づいてね。何も急いで結ぶことはないんだけど、一生懸命だった。それが、戦争をやることだと思っていますから。それくらい、一四歳は幼かったんです。

命令で移動する野戦病院のために、動員が解除になり、解隊式がありました。若い娘だから、軍医や衛生兵、看護婦さんが懐かしくて、好きで、そんな彼らと別れなければならないものだから、わんわん大泣きに泣きました。それがちょうど、八月一五日の正午ごろなんです。それで、大きな道を歩いていると、見たこともない旗がぱっと出されて、中国人の子供から、「負けたぞ」って言われました。私は衛生兵長どのと歩いていて、彼を陸軍病院の門まで送っていってから、家に帰りました。そして、ドアを開けたら父がそこに座っていて、「戦争、終わったよ」と言ったんです。そのとき、つき物が落ちたんです。「あぁ、神風、吹かなかったな」って、本当に思った。情けないことですが。

私は、人生のなかでの一番大きな出会いはやっぱり、戦争の時代、食べるものが乏しくなってくる時代に少女期を送ったということと、戦争が終わったときに「神風が吹かなかった」と本当にまじめに思った、そんな馬鹿な自分というものです。それをずっと背負って生きてきました。そんなに自分が無知であった、簡単に信じていたことを、許せないんです。まぁ、あとからいろいろ調べると、いい大人が信じていたんだから、もっと情報が制限されていた一四歳ではしょうがないな、という気もしますけれど。

でも、自分の人生のなかでは、非常に屈辱的なんです。いまも、「おまえはまだ、いっぱい知らないことがあるぞ」という声がする。「だから、勉強しなさい」と、いつも誰かに言われているんですよ。ともかく一夜にして、八月一六日になると日本国なんてないんですよ。国というのは形がないな、と思った。国というものをつかまえて、「行かないで」と言うわけにいかないじゃないですか。実体がないのだから。国は瞬間的に消えるんだ、としみじみ思いました。

それから、北の方の人たちがだんだん南下してきました。それも最初は、満鉄（南満州鉄道）の職員の家族とか、夫を軍隊に取られた留守宅の若奥さんとかが、満鉄を利用してやってきた。そのうちに冬が来たら、開拓団から来た人たちがやっと、たどりついたんです。学校の講堂とかにいるんですけれども、本当に子供を捨てたり、親を捨てたりして、狂ってしまっている人たちの話を聞くわけです。そのとき私は、「棄民」という言葉は知らなかったんですけれど、「なんてひどいんだろう、軍隊はどこに行ったんだろう」と思いましたね。

軍隊はいたんですよ。私のいた社宅と小さな道を隔てて隣が中国人の小学校だったんですが、そこに兵隊はいたんです。けれど、軍隊の指揮官がどこかへ行ってしまって、いないんです。兵隊さんだけが、八月一〇日ごろからずっと、そこにいる。洗濯物を干して、私の家にお風呂に入りに来たりする。だから、兵隊さんたちは、私の家にくるときは乾パンと毛布をたくさんくれるんです。たくさんくれるから、金平糖だけつまんで食べたりしていましたね。ソ連軍がやって来て、武装解除が始まります。無抵抗です。逃げればいいのに逃げなかった兵隊さんたちが集められて、ソ連兵の前に歩兵銃や銃剣を出していく。それが武装解除なんです。私たちも見送りに出ていって見ました。そうしたら、水杯をするんですよ。私みたいな子供に水杯《みずさかずき》してもしょうがないんだけど。それと、そのころ軍隊内で絽刺《ろざし》(刺繡の一種)が流行っていて、自分がつくったという絽刺の財布を預けられました。

そのあと、兵隊さんたちは整列しはじめましたが、私は、父が「家に入れ」と言うから、家の窓から見ていたんです。すると、隊伍をきちっと四人ずつ組んで、戦陣訓の歌を歌って行進してゆく。「日本男児と生まれきて、戦《いくさ》の場《にわ》に立つからは、名をこそ惜しめ武士《つわもの》よ、散るべき時に清く散り、御国に薫《かお》れ桜花《さくらばな》」という歌です。そうやって兵隊さんたちは、シベリア送りになるのを知らないで引かれていったんです。兵隊らしく歩いていって、私の目の前から消えていきました。

そのときはただ呆然と見送っていたけれども、私も難民生活をそれから一年送ることになって、そうなると、誰も助けてくれない。うちは両親が病身でしたから、私が中心になり、外でご飯を炊いたり、天秤《てんびん》で水を担いできたりということをする毎日を過ごしました。

だから、難民生活を経験したことと、植民地、外地にいて国が消えてしまったこと、それから、軍隊の指揮官はさっさと逃げて、兵隊さんたちが置き去りになって捕虜になったということが、私の人生からはずっと離れないことです。それが、私にとっての戦争ですね。

私が知っている実戦というのは、中国が内戦になって、私たちの町を中国の共産党軍が占領しているときに、迫撃砲を撃ち合って、火がパーッと走っていくのが見えた、そういうものです。兵隊帰りのおじさんたちが、「あれが迫撃砲だ」と言っているのを聞きました。それから、働きに行ったときに空襲があって、それを見ました。そのときは蔣介石軍の空襲です。吉林に爆弾は落ちなかったけれど、「空襲は怖い」という話を聞いていたから、空を見て、「これは来るな」と思って、中国人の家のなかに入って隠れました。

それから、引き揚げは、すごい経験だったと思います。アメリカの上陸用舟艇に乗って、それで、日本に着くまでの間に人が死んだら、水葬にするんですよ。水葬を見るなんて、人生ただ一度きりの経験です。遺体を包んで、チェーンみたいなもので船尾に吊るして、ぽーんと落としたあと、汽笛を鳴らして回るんです。私はそのとき一六歳に近い歳でしたけれど、やっぱり多感な年齢で、もう何とも言えない気持ちでした。

それで、船員さんが慰安会で歌うのは、「赤いリンゴに唇寄せて」(「リンゴの唄」)という歌だった。「なんていう、嫌な歌を歌うんだろう」って思いました。船員の居室、居住区に行くと、白いご飯が食べられるって、女学校の上級生などが言うんです。私は、「誰が、そんなご飯を食べるもんか」って思った。そういうところは自分の性格ですね。引き揚げ船の食事は最低でした。お汁があって、ほうれん草かと思ったらサツマイモの葉っぱなんです。高粱《こうりゃん》のご飯が少しと、おかずもないんです。そんな感じでしたから、引き揚げ船のなかでは、小さい子供がまっさきに栄養失調になりました。

だから、「日本に帰ってきて嬉しい」っていうのがないんですよ。呆然としていた。自覚もないしね。それから何年間かは堕落して、何の刺激もないような茫然自失の状態が、就職してしばらくするまで続きましたね。もう、焦点のないような、暗愚な女の子でした。それはやっぱり、私にとっては振り返りたくない、嫌な日々ですよ。これも、戦争の一つの余波みたいなものです。私に刻印のように無知なる恥ずかしさを記した、それが戦争だったな、と思います。

こうしたことから、私はやっぱり、知らないことは罪悪だ、という気持ちがあります。自分が無知であったから。それといまになって、ここまで生きてきてしまうと、せめて自分が見聞きしたり、先輩に聞いたり、読んだりして知ったことは、若い人たちにも伝える責任があるという気がします。たぶん半藤さんも同じようなお気持ちで、若い人によく読めるようなスタイルで書いていらっしゃると思いますけれど、私は不器用で、なかなかそうはできない。でも、若い人たちに向かっての語りかけということを、これからの仕事にしなければいけないかな、と思っています。

中継ぎ世代の務め――代わりに言う

戸高　私は昭和二三年生まれですから、だいたい、この鼎談に入っているのがおかしいくらいの歳ですけれど、比較的多くの戦争体験者から話を聞く機会が多かったので、私の戦争体験というよりも、私の戦争体験認識、ですね。

私は小さいときは、いわゆる占領下で、小学校に入ったのが昭和三〇年です。そのころは、若い兵隊なら、まだ二〇代の軍隊帰りの人がいて、銭湯などで彼らからいろいろ話を聞いていると、本当にちょっと前にすごいことがあったんだな、という印象で戦争をとらえていました。近くの空き地には爆弾の穴がそのまま池になっている。真ん丸な池ですよ。

何があったのだろう、そういう程度で止まっていたんですが、しばらくしてから、本を読んだり、話を聞いたりして、とくに中学生くらいのときに吉田満さんの『戦艦大和ノ最期』を読んで、「これはとんでもないことがあったんだ」と気づかされました。全然知らない、何か知りたい、そういう気持ちでいろいろ勉強することになったんです。けれど、もっと大きいきっかけになったのは、戦争体験記だけを出していたある出版社に中村さんという社長がいまして、私はよく本を買いに行っていたんですが、その人と話しているときに、「戸髙さんね、戦争で苦労したとか、大変だったという人がいるけど、あれは嘘なんです」って言うんですよ。

私はびっくりして、「えっ」と返事もできないで、中村さんの顔を見ていたら、「本当に大変だった人は、そこで死んでいるんです。生きている人は、生きているじゃないですか。本当に運がよかった人だけが、大変だったとか、苦労したとか言えるんですよ。本当に伝えなければならないのは、亡くなった人のことなんですよ。だから自分は、戦争体験記を出している。それは、その人の体験ばかりでなくて、亡くなった人のことを書いてもらうために、戦記を書いてもらっているんです。だって、その人、死んだ人のことを話せるのは、その場にいた、生きている人だけだから。本当につらい思いをして死んだ人は、何も言えないんです。生きている人は、死んだ人のことを書き残さなければいけないんですよ」。

そういう中村さんの話を聞いたら、それまで考えていたのとはまったく違う知らない世界という感じになりまして、いろんなことを知りたいと思って、たくさんの人の話を聞くようになりました。そうしますと、活字にはないものが世の中には本当にたくさんあることを知って、学校の勉強なんかは別にして、聞いたり、見たり、本を読んだりしていました。それでたまたま、史料調査会という、海軍の資料だけを集めている資料館の司書をやることになったのです。史料調査会は、海軍でいうと佐官クラスの、一種のサロンのような場所だったので、本当にいろいろな人が来ました。私などは、門前の小僧のように、体験者の話を聞かせてもらう本当に貴重なチャンスをたくさん与えられました。

そういう経験を自分一人で温める、知って納得する、というだけではなくて、やはり、どこかに伝えなければならない。世代的に言うと、私の世代は中間に位置するわけですから、戦争体験をしている人たちの話を聞いてそれを、まったく戦争体験がない人たちにつなぐ、中継ぎのような世代なんです。こういった自分たちの認識をもって、勉強させてもらっているというのが私の気持ちです。

やはり、本当に大変だった人たちのことを、もっと知らなければならないと思っています。私が澤地さんの仕事を手伝わせていただき、そばで見ていて同感だったのは、戦死者を何人、というとらえ方をしないことです。一〇〇人の戦死は、一〇〇の人生の終わりであり、すべての戦死者にそれぞれの過去と、家族のその後がある。澤地さんは、死んだ人を訪ねる取材をやっている。先ほど言った、死んだ人は何も言えない、生きている人が、代わって言わなければならない。そういう気持ちでやっていらっしゃるのだと思いました。

先ほど半藤さんがおっしゃった、前の世代から「託される」ということでは、半藤さんや澤地さんは、若いころにしっかりと鍛えているという感じがして、強いんですね。自分で危機感をもっているのは、私たち戦後の世代は、若いとき、鍛えるべきときに鍛えていないで育っていますから、果たして無事に高齢化社会を築くことができるだろうか、と心配しています。もちろん私としては、自分にできることはしたい、そういう気持ちでやらせてもらっています。

同世代や下の世代については、歴史に対する考え方のことで危惧を感じています。きちんと知る知らないという以前に、何があったかを知ることが基礎だと思いますから。そういう情報さえ十分ではない、という気がします。きちんと最低限、過去にあったことだけでも若い世代に知ってもらえるように、やはり学校の教育がベースをつくらないといけないですね。歴史の授業が必修ではないという現実はおかしなものと思います。それは、失敗ばかりではない。歴史は、多くの失敗と、多くの成功が交じり合っていると思います。その両方を公平に見て、公平に伝えたい。過去の悪かったことと同時に、いかに日本人が多くの努力をしてきたかという側面も同様に伝えてゆかなければおかしい。

そして、過去のことを「あぁ、なるほど」といって、物語として知るだけではいけない。なぜ過去を知らなければいけないかというと、それが、未来を知るということだからです。歴史は、教訓というか、教科書、参考資料ですね。ですから、戦争はせっかくの教科書、本当に二度と手に入らない教科書ですから、これを勉強して、二度と同じ過ちを犯さないという、そういう気持ちが基本的になくてはいけないと思います。

たとえば、私は飛行機乗りの方に話をたくさん聞きましたが、特攻で、それこそ出撃直前に終戦になって助かったとか、出撃したけれど飛行機の故障で助かったという方とかがいらっしゃいます。そうした方に話を聞くなかで一番、問題だなと思ったのは、特攻を命ずるということは、人に、死ぬ任務を命ずるわけです。命令ですから嫌も何もないわけで、こういう命令を与えるときに、ほとんどの指揮官が例外なく、「必ず自分もあとから行くから、おまえ、行け」と、こういう訓辞をしているんです。特攻を生き残った誰に聞いても、そういう訓辞を受けているんですよ。

ところが、言った当人が終戦と同時に、「あ、死ぬよりも、新しい国の復興のために尽くしたほうが役に立つんだ」と目が覚めるんです。そんなこと、どちらかというとすぐにわかりそうなものですけれど、それでほとんどの人が、そのまま天寿を全うする。戦後を生きていくわけです。私は、死ねばいいとは思いません。けれども、約束によって、命令をくだした相手は本当に死んでいるわけです。そういった深い約束をしているのに、それを一瞬にしてコロッと忘れて、周囲も、それを認めている。そういう人が戦後をつくってきたと思うと、どんな約束でも、状況が変わったら破っていいんだという風潮があるような気がするんです。

こうすればよかった、という簡単な結論は言えないんですが、その約束というものは、本当に命がけの約束というものは本来、きちんと守らなきゃいけない。そういう世の中にならなくてはいけないんじゃないか、と思うんですね。「おまえ行け、俺も行く」と言って、相手は死んでいるのに、その数十分後にコロッと態度が変わるような人がいる。本当にそれでいいのか、という気持ちです。

私は、一番激しい戦闘をした艦爆乗りの人を知っていましたが、彼は、八月一五日の午前一〇時ごろに特攻攻撃を命ぜられ、飛んでいるんです。命令する人は、数時間後に終戦がくることを知っています。指揮官は知っていて、まだ終戦ではないからと行かせるんです。それで、その時点でも必ず、「あとから行く」って言うんです。でもほとんど、「あとから行く」ことはしないんです。そういう人たちがつくった戦後、そういう人たちを認めた戦後というのが、戦後の一つの歪みの原因に潜んでいるのではないか、という気がしてならないのです。

戦争体験の物語化への危惧

半藤　ひと言だけ付け加えますが、戦後六十余年が経ちましたので、こういう反省会に出た方もほとんど、いなくなりました。戦争を知っている人も減っています。ですからそうなると、だんだんこの貴重な戦争体験、本当にやってはならない戦争の体験というものがいま、物語になってきているんですよ。事実として戦争のことを残すのは大事だけれど、物語としての戦争がどんどん多くなっているというのは、じつは危惧しているんです。

そんな、おもしろいものじゃないんですよ。昭和を勉強し、読むこと、そして書くことはもちろんですが、それは、そんなに楽しいことではなくて、つらい仕事なんですよ、本当はね。ところが最近、物語になってきちゃっているものですから。事実を正確に知ってもらいたいから、私たちはやっているんですけれど。物語としての昭和史はいらない、と思っているんです。

戸髙　歴史は、見る人によって、全然違う面を持っていますから、できるだけ多くの角度から物を見ないと実態は見えにくいでしょうね。とくに戦争体験は一面的な見方、切り口で結論を出してはいけないと思います。最近は、多くの資料が公開されて、歴史的事実の検討にはいい時代が来ているようにも思えます。国立公文書館の、アジア歴史資料センターのホームページでは、既に三〇〇〇万ページを超える歴史的資料が画像で公開されていて、自由に閲覧できる。こういった情報公開事業を強化することによって、原資料を直接検討できるようになり、歴史研究が、本当にしっかりしたものになるのです。私などは、アジア歴史資料センターは、日本政府が行った文化事業のなかで、最も素晴らしい事業の一つだと思っています。

明治以降の日本の歴史は、本当に素晴らしい部分がある。そういった、素晴らしい部分と、どうしようもなく破滅的な部分とが、混じりあっているのが日本の歴史だと思っているのです。失敗も無数にあったけれど、誇らしい歴史もたくさんあったのだと思います。その両方を見なければ、偏ったものになるのではないでしょうか。日本の歴史がすべてダメだったと言えば、それは正しいとは言えないし、すべて素晴らしかったと言えば、それも正しいものとは思えません。

本屋さんで、戦争に関わる本を見ていると、ときどき、どちらかに偏った、どうかと思うような本もありますね。私は、基本的に人間の数だけ考え方があると思っていますから、どんな意見でも否定しないという考えですが、本当の気持ちとして、ついていけないような本も少なくないですね。

半藤　そんな雰囲気じゃねーよって言いたい本がある。

澤地　それと、戦争の時代の歴史が、水増しになりましたね。小説もちゃんとしたものもあるけれど、戦争をからめて書かれているものは、単なる借りてきた背景、借景というか、そういうものとしての戦争であって、読んだ人が「あぁ、そういうものだったのか」と考えるものではなくなった気がします。

おわりに

澤地久枝

この鼎談を読んでくださっている若い方、よく読んでくださったと思います。難しいかもしれない。それは、私たちも全部わかっているわけではなくて、勉強して学び取っていったのです。だから、若い人たちは、いろいろなことに関心をもってほしい。別の言い方をすれば、好奇心をいっぱいもってください。そして、自分は何が好きなのか、それを見つけられるといいと思います。少し努力を要するかもしれないです。「努力をする」という文字を見ただけで、嫌だと言う人もいるかもしれないけれど、でも、寝そべっているだけで楽していられる人生なんてない、と私は思います。だから、死ぬときに後悔しないように、いろいろなことを学び取っていってほしい。

そのためには、本を読むことが大事だと思います。歴史、とくに歴史のなかでも戦争は、忍び足で、つまり足音が聞こえないようにすっとやってくる。いま、この時間だって、歴史のなかの一瞬なわけです。何の音もしないでしょう？　そういう時代の動きのなかに、何が隠れているかということに敏感になってほしいと思います。自分が生きる人生は一つの人生しかないけれど、本を読むことでたくさんの人生に出会って、そこから慰められたり、教えられたり、励まされたり、いろんないいことがいっぱいあるので、若い人には本を読んでほしいと思います。

私は、ミッドウェー海戦という、昭和一七年六月に日本とアメリカが戦った非常に有名な海戦の、戦死者の数——両方の戦死者全員の人数、とくに日本側の人数が不明だったのです——を確認する仕事をしました。その海戦があった水域に行って、慰霊の船旅もしたし、ミッドウェーの基地があったサンド島というところにも二回行っています。

私は、海の上、船の上から美しい海を眺めて思ったんですね。かつて敵であった人たちが、もう見分けようのないくらいのただの白骨になって、深い海の底にいるわけです。まさに歌に歌われたように「水漬く屍」になって、その「水漬く屍」はいまや白い骨もないかもしれないですね。そういう非常につらい、不幸なことが起きたわけですが、それが、戦争の一つの顔です。アメリカ側の戦死者の子が、戦後、ベトナムで戦死しています。日本ではこの七〇年、ひとりの戦死者もないのです。

私がさらにこだわっているのは、一五歳で戦死した人がいるという事実です。一〇代の戦死者は日本にもアメリカにもいます。そういう若い、幼い戦死者が、航空母艦の最期の断末魔のなかで何を考えたか、ということを思うわけです。ほかの船の例では、船が沈没するというとき、少年水兵たちは「かあちゃん、かあちゃん」と泣いて、旗を立てる棒にすがっていたといいます。こういうことが、若い人だからといって免れるのではなく、若い人にこそ起きうる、というのが戦争なのだ、ということです。

映画でも劇画でもいいけれど、描かれている戦争は絵空事ではなくて、実際に起きたことであることをわかってください。私は、それを、書き残そうと思って仕事をしてきた人間です。どうぞ、私の本でなくていいから、本を読む人になってください。

戦後七〇年を迎えて

四年前にこの本が刊行され、戦後七〇年の今年(二〇一五年)、現代文庫に入ると言います。

半藤さんも私も、今年の誕生日に八五歳になります。長く生きてきたと思い、日本は変わったと思います。

私たち世代の生き残りは、総人口の一五パーセント以下、現役で活動している人たちは、孫か曽孫です。戸髙さんは息子の世代です。私は戦争の実体験はないけれど、国家総動員法の動員学徒の一人として、敗戦を迎えたのです。当事者でした。長く生きてきたことによって、封印されていた歴史資料の公開に立ち会うことにもなりました。

海軍軍人が集まり、戦争への道を語り合う記録が公けになるまで、半世紀が必要でした。関係者の総退場のあとです。私のような海軍を知らない――軍艦や現役海軍軍人を一度も見たことのない人間が、批判的言辞を用いることの許されない時代が、戦後もずっと続いていたのです。

「戦争」の真実にふれることをタブーとした時代が終わった今、「特定秘密保護法」が作られ、「集団的自衛権」の行使容認が閣議決定されて、次の戦争へひたすら傾斜する政治状況を迎えています。

終わってみたら、「戦争」とはなんとむなしく、インチキなものだったのでしょうか。戦争で死んだ人たち、そのあとの生活を維持して死んだ男も女も、なんのために「いのち」を失ったのか。答はないのです。

この本で語り合ったのは、帝国海軍の負の教訓であり、繰り返してはならない「戦争」の断面であったと思います。

半藤一利

これからの日本はやっぱり、私たち年寄りじゃなくて、若い方たちがつくっていくわけです。バブル崩壊後の二十年余、この国がいま、どっちに向いていこうとしているのか、非常に不安なところもあるかと思います。しかし、未来を切りひらいていくのは若い方たちですから。自分たちで、こういう国をつくりたいという、しっかりとした国家目標を定めて、一生懸命勉強をしてください。勉強をすること以外では、若い人たちの特権はないと思う。年寄りはもう、勉強はできません、勉強しても頭に残りませんから。うんと勉強をして、あらゆることを知って、これからの日本をどういうふうにつくっていこうかということを、自分で考えて、そっちの方向にしっかりと歩みを進めていただきたい。そういうふうに思います。

日本の国は、明治の人たちがつくってきた近代日本というものを、大正・昭和戦前の人たちが選択を誤ったために、あっという間に滅ぼしてしまいました。そういう、選択を誤るということには、ものすごい大教訓であるわけです。だから、これからの選択を誤らないためには一生懸命勉強をして、あらゆることを知って、また世界中のことを本当に知って、これからの日本というものを、自分たちの思っているような国家像を描きながら、正しく判断をして、それに進んでいってほしい、とお願いしたいと思います。

日本よ、いつまでも平和で、穏やかな国であれ。そう願っています。

戦後七〇年を迎えて

戦後七〇年の節目のときに、この本が文庫になるとは嬉しいことです。多くの読者に迎えられることを祈っております。

そしてこのときに改めて思うことは、人間は歴史から何も学べない生きもののようであるということです。動物は失敗すると同じことをしないのに、人間はすぐ自己正当化してしまう。いまの日本、いつの間にかまわりには過去の栄光を肯定することに国の誇りを求める人びとが多くなったような気がしてなりません。国の誇りとは、謙虚に歴史的事実を認め、過去と誠実に向き合うことであると思うのですが、そういうと「自虐史観だ」と排する人がいっぱいいます。おかしな世の中になったものです。

あれからもう七〇年、あの悲惨を知る人は毎日毎日少なくなりつつある。過去は空しく葬られねばならないのでしょうか。やっぱり老骨は黙って消え去るのみなのでしょうか。

戸高一成

私は戦後生まれですから、戦争についてどうこう言うということは考えていません。ただ、歴史というのは、必ず受け継いでいかなければいけないものがあると思います。そういう意味で、海軍反省会の資料を託されたとき、これは何らかの形で伝えていかなければいけない、そして次の世代の人たちにきちんと伝えていかなければいけない、と思いました。歴史というものは、きちんとそういう伝えるという行為があって、初めて歴史だと思います。そういうことを考えて、私自身はそのなかの一部として、働いていきたいと思っているわけです。みなさんも、歴史というものはどういうものか、「昔あったことだ」というだけではなくて、自分に何らかの関わりが必ずありますから、そういうことを考えながら、自分の考えを持つ、そうやって生きていってもらえたらいいのではないかと思います。

歴史には、多くの素晴らしい、誇らしい事実もたくさんあります。しかし、二度と繰り返してはならない歴史も多いのです。どちらにせよ、歴史を知っていなければ、成功を繰り返すことも難しいし、失敗を繰り返さないようにすることも困難です。過去の成功に学び、失敗を回避することこそ、より良い未来を求める方法の一つと思います。

私たち戦後世代と、戦争体験者から話を聞くことのできない次の世代の人にとって、戦争の実態を勉強することは、だんだん困難になるかも知れません。私は、長く歴史資料館、歴史博物館の仕事をしてきましたが、これからも、戦争を知りたいという人たちが、簡単に多くの資料や図書に接することができるように努力してゆきたいと思っています。

しかし、歴史はとても大きく、どんな大きな資料館や博物館をつくっても、歴史を充分に伝えることは不可能です。では、資料館や博物館は無駄なのかといえば、そうではないと思います。博物館に立ち寄った人が、歴史に興味を持って、自分から調べたいと思うようになれば、博物館の施設の大小を超えた、大きな結果につながると思うのです。私が勤務する呉市の大和ミュージアムも、大きな施設ではありませんが、来館した多くの人が、歴史に興味を持って、もっと知りたいという気持ちを刺激することができることを願って、展示全体を構成しています。

太平洋戦争を日本の歴史のなかの最後の戦争とするためにも、戦争の歴史を伝えてゆく努力が必要であり、それこそ、私たち戦後生まれの人間の、これから長く続く仕事なのだと思います。

戦後七〇年を迎えて

今年（二〇一五年）は戦後七〇年に当たります。ということは、日本は七〇年という長い間、外国との戦争を回避してきたということです。これは日本にとって幸運もありましたが、誇らしいこととも言わなくてはなりません。これを可能にしたのは、戦争の悲惨さを実際に体験してきた多くの人たちの、歴史に対する深い反省から、もう二度と戦争をしてはいけないという切実な気持ちが背景にあったのです。

しかし、同時に七〇年という長い時間は、責任ある立場として戦争に関わった人がもういないということをも意味しています。若くして戦争に関わった人たちも少なくなり、今までのように体験者から生々しい実体験を聞くことによって戦争を知るということはできなくなる、ということです。これは、これからの戦争の伝え方について考えなければならない時期に来たということだと思います。

私は、昨年（二〇一四年）仕事でハワイに行き、日本軍による真珠湾攻撃の歴史的慰霊施設として、海に沈んだまま保存されているアメリカ戦艦アリゾナ記念館に行き、管理担当者と戦争の伝え方について話すことができました。そのとき私が、戦後七〇年という時間が過ぎ去ったということは、実際の戦争体験者から、いわば皮膚感覚としての戦争の悲惨さを聞くことができなくなるということであって、資料だけで戦争を伝える時代が来ていることの難しさを感じている、と言ったところ、相手も、今までは日本軍の真珠湾攻撃を体験している退役軍人などにボランティア活動として、実際の真珠湾攻撃当日の様子を学生の団体などに話してもらっていたが、もうそういったこともできなくなっている、私たちも、これからの戦争の伝え方については研究をしていかないといけないと思っている、と話していました。

現実の問題として、私自身戦後生まれであり戦争を知らない世代ですが、仕事の関係もあって、海軍の軍備計画や国家戦略に関わった方、あるいは作戦計画の立案に関わり作戦指導をした方、そして、最前線で戦った多くの方々から直接話を聞く機会がありました。このように多くの貴重な話を聞く機会があった当時、恥ずかしいことですが私自身に、このような体験が意味する歴史的な重要性に対する問題意識が薄く、その場で記録を残すというようなことをしませんでした。しかし、昭和が平成と替わり、気がついたときには、話を聞くことができる人はもう一人もいなかったのです。

このようななか、海軍反省会の記録を多くの人に知ってもらうことができたことは意義のあることだと思っています。これからは、戦争を知るには主に文献資料に頼るしかない時代に入ります。しかし、文献資料を読むことは易しいことではないのです。書いてあることをそのまま事実であると思うならば、それは「資料を読んだ」とは言えないのです。すべての資料はさまざまな経緯があって現在の形におさめられています。誰がどのような思いで書いたものか、誰がどのような判断で決裁したものなのか、それぞれの多くの背景を確認しながら読まなければならない資料も多いのです。

海軍反省会の会議録音資料は、こうした背景を知るために多くの情報を与えてくれます。海軍の中枢にいた人たちが自分自身の言葉で語った内容は、多くの場合すでに知られていることであり、この海軍反省会の記録で初めて明かされたという事実は多くはありません。しかし、文書でも書かれている同じことであっても、海軍反省会で関係者自身が話した声を聞くとき、一つの言葉が怒りをもって語られたのか、誇らしく語られたのか、無念の思いであったのか、そのような人間の気持ちが伝わるのです。こうしたことを知ることが、文献を読む際の大きな助けになるのです。

今改めて、太平洋戦争から七〇年という時間が経過したことを思うとき、私のように平和な時代に生まれ、平和な時代に老人となることができることの幸せを思わずにはいられません。そして、平和な時代のなかでこの世を去りたいと思っています。

私たちは過去の歴史の教訓に学んで、この七〇年の平和を、八〇年、九〇年とさらに永く継続してゆくために努力を続けていくことが、これからの大きな仕事なのではないかと思います。このためにも、過去の戦争を知るための努力は続けなければならないのです。海軍反省会を多くの人に知ってもらうことも、その一つなのだと思います。

本書の元となったNHKスペシャル「日本海軍　400時間の証言」が放送されてから六年近く(二〇一五年現在)が経過しました。私は当初、海軍反省会の紹介ができたことで、海軍反省会にわずかに関わった私の務めは終わったと思ったのですが、何人かの方から、「テープの声が誰の声かは、当人を知っている人にしか分からないのだから、戸髙さんがやるしかないのですよ」と言われ、その後、海軍反省会の発言のすべてをカセットテープから聞き取り、それぞれの発言者が口にした言葉のままに文字にして残す作業をすることになりました。

私自身には、この海軍反省会のメンバーだった方から多くのご指導をいただいたことへの恩返しのような気持ちもありました。しかし、多忙な仕事の合間の作業でもあり、一〇年という時間をかけて、ようやく八巻目をまとめつつある段階です。実際に、あと何巻で終わるのかも分かりませんが、最後までやり遂げようと思っています。

この仕事は、今日忘れられようとしている日本の海軍に関わる歴史の、ごく小さな部分を後世に残す作業に過ぎませんが、このような、当事者の感情を伝えることのできる記録が今後、日本の戦争と海軍を振り返るときに掛け替えのない資料となると思っています。

特集番組
「日米開戦を語る　海軍はなぜ過ったのか──400時間の証言より」

番組スタッフ

資料提供　(財)水交会／昭和館／東京国立近代美術館フィルムセンター／防衛省防衛研究所／米国国立公文書館／朝日新聞社／毎日新聞社
取材協力　呉市海事歴史科学館(大和ミュージアム)／笹本征男／矢牧一信／三田令子／土肥一忠
テーマ音楽　加古　隆
声の出演　小林勝也
キャスター　小貫　武
語　り　柴田祐規子
撮　影　宝代智夫　佐々倉大

照　明　森山正太　益田雅也
映像デザイン　岡部　務
CG制作　髙﨑太介
リサーチャー　土門　稔
コーディネーター　山田功次郎
音　声　山田憲義
音響効果　小野さおり
編　集　小澤良美
取　材　吉田好克　内山　拓
ディレクター　右田千代　横井秀信
制作統括　藤木達弘　高山　仁
制作・著作　NHK

本書は二〇一一年一二月、岩波書店より刊行された。
文庫化にあたり一部加筆をおこなった。

日本海軍はなぜ過ったか
—海軍反省会四〇〇時間の証言より

2015年7月16日　第1刷発行
2024年12月16日　第6刷発行

著　者　澤地久枝《さわちひさえ》　半藤一利《はんどうかずとし》　戸高一成《とだかかずしげ》

発行者　坂本政謙

発行所　株式会社　岩波書店
〒101-8002 東京都千代田区一ツ橋2-5-5
案内 03-5210-4000　営業部 03-5210-4111
https://www.iwanami.co.jp/

印刷・精興社　製本・中永製本

ISBN 978-4-00-603288-3　Printed in Japan

岩波現代文庫創刊二〇年に際して

二一世紀が始まってからすでに二〇年が経とうとしています。この間のグローバル化の急激な進行は世界のあり方を大きく変えました。世界規模で経済や情報の結びつきが強まるとともに、国境を越えた人の移動は日常の光景となり、今やどこに住んでいても、私たちの暮らしは世界中の様々な出来事と無関係ではいられません。しかし、グローバル化の中で否応なくもたらされる「他者」との出会いや交流は、新たな文化や価値観だけではなく、摩擦や衝突、そしてしばしば憎悪までをも生み出しています。グローバル化にともなう副作用は、その恩恵を遥かにこえていると言わざるを得ません。

今私たちに求められているのは、国内、国外にかかわらず、異なる歴史や経験、文化を持つ「他者」と向き合い、よりよい関係を結び直してゆくための想像力、構想力ではないでしょうか。

新世紀の到来を目前にした二〇〇〇年一月に創刊された岩波現代文庫は、この二〇年を通して、哲学や歴史、経済、自然科学から、小説やエッセイ、ルポルタージュにいたるまで幅広いジャンルの書目を刊行してきました。一〇〇〇点を超える書目には、人類が直面してきた様々な課題と、試行錯誤の営みが刻まれています。読書を通した過去の「他者」との出会いから得られる知識や経験は、私たちがよりよい社会を作り上げてゆくために大きな示唆を与えてくれるはずです。

一冊の本が世界を変える大きな力を持つことを信じ、岩波現代文庫はこれからもさらなるラインナップの充実をめざしてゆきます。

（二〇二〇年一月）